LIFE WITH HERBS

香草生活

[日] 真木文绘——著　　[日] 池上文雄——主编

药草花园——译

长江出版传媒

湖北科学技术出版社

目录

香草的作用

本书中关于香草所含有效成分的描述，均来源于一般中药材及药用植物的资料。很多香草的功效成分都是共通的，其作用如左侧所示。

缓下　促进肠胃蠕动，改善便秘。

祛痰　利于痰液稀释，促进排出。

祛风　排出胃肠道中的气体，缓解腹胀。

促进血液循环　促进血液在血管内通行无阻。

健胃　促进胃液分泌，增强胃动力，改善食欲不振和消化不良等症状。

抗过敏　舒缓镇定，改善由于免疫系统过度亢奋而引起的瘙痒和肿块等症状。

抗病毒　增强机体抵抗力以减轻病毒活动，降低感染病毒的风险。

抗菌　抑制大肠杆菌和金黄色葡萄球菌等细菌的繁殖。

抗氧化　减缓活性氧对细胞的伤害，延缓肌肤老化。

止泻　减缓腹泻。

收敛　促使组织皱缩，减缓汗水和皮脂的过度分泌。

消炎　缓解炎症的各种症状，同时还有一定的抗炎作用。

促进消化　提高胃动力，促进和加强胃肠消化。

滋养强健　提供营养，增强体质。

止咳　作用于咳嗽中枢和呼吸道，减少咳嗽。

镇痉挛　减缓肌肉的强烈收缩。

镇静　镇定由自律神经失调引起的兴奋，使其恢复到平稳状态。

镇痛　作用于中枢或外周神经系统，减轻疼痛。

保护黏膜　保护覆盖于消化器官和口腔表面的黏膜，防止不良刺激的产生。

益肝胆　促进胆汁分泌，强化肝脏的运动。

利尿　促进尿液形成和排出。

注意
　　避免为了改善不适症状而过量摄取香草。
　　使用香草后注意是否有不适的感觉或皮肤异常反应。如身体有异常变化，请及时咨询医生。

本书的使用方法

使用部位

图形标出香草可使用的功效部位,
配以关于风味和印象的短小评语。

香草的使用方法

介绍香草的使用方法和要点。
使用方法共通的地方用图标来统一标识。

基本	介绍泡茶、酊剂等做法的基本操作。
保存	保存方法的要点。
粉末	干香草粉末的使用方法。
新鲜	新鲜香草的使用方法。
茶	开水提取成分的使用方法。
酊剂	酒精提取成分的使用方法。
浸泡油	植物油提取成分的使用方法。
酒	白酒或其他酒提取成分的使用方法。

功效

表示此种香草的功效作用。

香草的使用形式

不同香草使用部位及状态各有不
同,有干燥的整片叶子、有碾碎
的粉末……同时还附有关于特征
的评语。

基本信息

香草的基本信息,包括学名、别名、
科属名、原产地、作用、适用症状、
副作用等。部分香草的信息有多
种说法,本书仅选取了一部分。

香草的基础知识

不知从什么时候开始，香草这个词慢慢变成了日常生活中的常用词汇，泛指有一定功效和香味的植物。大自然中常见的草本、超市货架上摆放的蔬菜、制作咖喱的香料、干燥的茶叶……我们的生活被各种各样的香草包围着。

植物具有特别的力量

无论植物还是动物，都需要通过摄取营养，转化为能量来维持生命。植物可以通过光合作用产生自身所需的营养物质，动物则需要靠饮食来获取能量。换言之，动物直接或间接地摄取了植物的营养，也可以说，没有植物的存在，动物也不可能生存。

植物无法自由活动，发生任何状况都只能在原地默默忍受，所以为了能够生存下来，植物在进化过程中逐渐具备了各种应对恶劣环境的能力。例如：使汁液味道变得苦涩以避免被虫子和鸟儿吃掉；含有快速修复受伤部分的成分；含有帮助减少紫外线损伤的抗氧化成分等。这些植物为应对恶劣环境而具备的特殊成分叫作植物活性成分（植物中的天然化学成分）。我们经常听到的番茄红素、皂苷、柠檬酸等，都是植物活性成分。

自古就和人类密切相关

很久以前，人类在野外靠狩猎和采集获取食物来维持生活。在那个能找到吃的、安全排泄是生存大事的时期，腹痛和腹泻等不适都是关乎生死的大事。为了应对这些症状，人们慢慢了解到食用带有苦味的特定草本可以缓解痛楚。积累了经验后，人类逐渐发现对自己有用、可入药的香草，后来从这些药草里成功提取出有效成分，从而产生了医药品。现代医药品中虽然有人工合成的成分，但我们使用的药材大部分成分依然来自药草。

含有多种成分

　　药草中的有效成分具有"针对特定部位""相辅相成""平缓稳定"三大特征。而合成药物的缺点恰好就是只针对一个方面产生作用，这可以说是药草和合成药物最大的差异。

香草中有效成分的提取方法（含详细的制作方法）

1. 用水（开水）提取 ----------------→ 香草茶（水溶性成分）P13、P15

2. 用油提取 ----------------------→ 浸泡油（脂溶性成分）P21

3. 用酒精提取 ------------------→ 香草酊剂（水溶性＋脂溶性成分）P23

4. 用醋提取 ------------------------→ 香草醋 P29

5. 用蜂蜜提取 ----------------------→ 香草蜜 P39

6. 直接打碎成粉末 --------------------→ 香草粉 P30

7. 用水蒸气蒸馏法提取 ----------------→ 蒸汽吸入、芳香浴 P15、P17

提取香草的 7 种方法

　　香草中有效成分的提取方法大致有以上 7 种，快来尝试，让香草生活变得更有乐趣。

　　摄取香草不会给身体增加负担，持续摄取还能提高免疫力。每天喝一杯香草茶，让你健康又美丽。

　　接下来我们就从泡香草茶开始学习吧。

香草的正确使用方法

香草常被作为民间药材使用，普遍被认为有很高的安全性。香草中含有多种微量成分，这些成分与一般的合成药物相比，副作用小、危害性也较低。但是，根据香草的品质、是否和药物一起使用、使用人的身体状况等不同，也可能产生不良反应。我们需要注意以下几点，以保证安全使用香草，让生活更加愉快。

香草不是药物的替代品，不同体质的人使用香草的方法也有差异，不恰当的使用方法也会有损健康。使用香草前最好向医师或药师咨询。

1. 选择值得信赖的香草购买渠道

确认香草名称及入药部位，选择可信赖的商家购买高品质的香草。

2. 配合自身体质和身体状况使用香草

即使是经常使用的香草，一旦发现使用过程中有不舒服的感觉也要马上停用。过敏体质的人不要使用含有致敏成分的香草及其基础制剂。

3. 和药物一起使用时要慎重

香草和药物有可能发生相互作用。特别是生病的时候，即使是服用常用的药物，也不要随意判断，须向医师或药师咨询。

4. 妊娠期和哺乳期使用要注意

有的香草中含有通经作用的成分或激素成分，对妊娠期和哺乳期的妇女会产生影响，注意控制使用。

5. 幼儿使用时要注意观察

从提高免疫力的角度来说，作用温和的香草值得推荐给幼儿使用。有的香草会有独特的气味，稀释或与果汁混合后，更加容易入口。但幼儿本身免疫力低，身体未发育完全，身体状况变化快，在摄入香草制品后如发现异常，须马上停止使用，并咨询医生。

6. 自己享用

自己手工制作的香草药膏和乳液等产品须自行承担有关责任，做好后尽量自己使用。若无有效证明，禁止作为商品售卖。

西餐中的功效香草

活用西洋香草

　　古希腊伯里克利时代，一位被尊为"医学之父"的医师希波克拉底研究出了约400种香草的处方；此后，香草临床医学以德国为中心推广开来；19世纪，第一款从香草中提取药效成分的药物诞生，由此确立了西医药学的流派；现如今，西医以精准治病为中心的理念没有改变，但是副作用小、具有药用活性的香草日益得到关注。

　　香草通过所含的多种成分相互作用，产生的功效一般不会过于强劲，可长期使用，在维护身体健康和预防生活方式病方面有积极的作用。

香草的 3 种使用形式

新鲜香草

家庭菜园培育的可食用香草都可以直接使用。新鲜香草的魅力在于它们清新的香气，同时美妙的色泽在视觉上也有很好的治愈效果。新鲜香草水分含量高，与干香草相比，大约需要 4 倍的量才能发挥同等效用。

主要的使用方法 制作成香草茶、香草沙拉、香草醋、香草油及各种调料等。	**保存方法** 切口用厨房纸包裹好，置于密封容器内，放入冰箱冷藏室蔬菜格储存，也可以直接用水培养（夏季除外）。
香草的选用部位 鲜绿、富有光泽的嫩叶。	

干香草

干香草由新鲜香草采摘后用冷风快速干燥而制成。干香草在任何季节都可使用，比新鲜香草的风味更加浓郁。

主要的使用方法 制作成香草茶、香草酊剂、香草油（浸泡油）或蒸汽吸入等。	产品，有些香草是观赏型香草，不适合食用。 **保存方法** 注意防潮，与干燥剂一起置于密封容器内，凉暗处储存。建议少量多次购买，便于保鲜。
挑选的方法 最好在香草专卖店里挑选可食用的干香草	

精油

不同香草的花、叶、茎、根、果实、果皮、种子等部位含有不同的芳香成分，有抗氧化等各种功效。挥发性的香气可直接作用于大脑，在生理和心理上都能产生功效。

主要的使用方法 详见 P17。	**保存方法** 通风良好的凉暗处储存，开封后 1 年内用完。	**注意** 精油的有效成分浓度高，具有较强效用，须适量、规范使用，不可直接作用于皮肤或是直接饮用。
挑选的方法 通过可信赖的渠道购买高品质的精油产品。		

德国洋甘菊〔母菊〕

特征：花心凸起

甜美花香和草香混合的香气，也有人说是苹果香气。

保存 **保存方法 干燥or冷冻?**

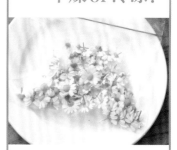

德国洋甘菊鲜花较为珍贵，建议不要干燥，采取冷冻方式保存。但冷冻过程中香气和颜色都会劣化，最好尽早使用。

最受喜爱的
镇定、消炎香草

消炎

镇静

镇痉挛

祛风

德国洋甘菊香草茶具有镇定的效用，在童话故事《兔子彼得》里也有出现。其在德国被称为"妈妈的药草"，在孩子腹痛或感冒时，妈妈会让他们喝一杯洋甘菊茶后在床上静养。

德国洋甘菊具有独特的甘甜香气，花形类似雏菊，含有抗氧化作用的成分，有镇静、镇痉挛、消炎等作用，对胃炎、痛经、发冷、失眠等症状有缓解作用。

德国洋甘菊香草茶美味好喝，但对菊科植物过敏的人要注意。

12

新鲜 茶

新鲜香草的柔和滋味

得到新鲜的德国洋甘菊，一定要尝试制作香草茶。新鲜花朵散发的香气甘美柔和，一下子就钻入心窝。当然效用价值不如干香草好，但是可以享用到新鲜香草才有的清新和季节感。

基本 **新鲜香草茶的泡法**

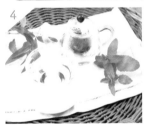

1. 新鲜香草（图中以叶片为例）用水轻轻洗净，撕成小片。

2. 将满满1茶匙的香草放入茶壶，倒入开水。

3. 盖上盖子避免香草中的挥发性成分飘散，浸泡3分钟。

4. 轻轻摇晃茶壶，待茶的浓度均匀后，倒入茶杯饮用。

* 以上是新鲜香草茶的基本做法。1杯德国洋甘菊香草茶约需5~6朵花，新鲜花朵打湿后花粉会掉落，稍做清洗即可。

酊剂

德国洋甘菊酊剂

品种 **罗马洋甘菊**

不同于德国洋甘菊，精油含量高，花心较德国洋甘菊稍扁平。

原料用酒精作为溶剂提取或溶解而制成的溶液叫作酊剂。用伏特加制作的德国洋甘菊酊剂对感冒初期的症状和失眠、痛经、围绝经期综合征（又称更年期综合征，MPS）等有效，内服外用都可以，可滴入数滴到饮用水里服用。

* 酊剂详细做法参考P23。

学名: *Matricaria chamomilla*
别名: 德国洋甘菊
科属名: 菊科母菊属
原产地: 印度、欧洲和西亚部分国家
作用: 消炎、镇定、镇痉静、祛风
适用症状: 胃炎、胃溃疡、痛经、皮炎（外用）、口腔炎（外用）
副作用: 未知

Data

辣薄荷

选取鲜绿的薄荷嫩叶，其香气可通鼻醒脑。

叶

单独或混合饮用均可

长期饮用
改善肠胃不适

薄荷常常被用在润喉糖、口香糖，还有化妆品中。薄荷品种众多，制作香草茶通常用的是辣薄荷（又叫胡椒薄荷）。

薄荷中带来凉爽清新感的是薄荷油这种芳香成分，可以直接作用于中枢神经，刺激大脑，所以也有改善头痛和清醒头脑的作用。

薄荷中还含有抗氧化的成分——类黄酮，它可以促进肠胃的活动，特别是应对鼓肠和过敏性肠道综合征，是一种非常有用的香草。

薄荷和各种香草都能很好搭配，是混合香草时的好材料。

栽培 容易种植的香草代表

薄荷耐寒、耐热，苗容易购买。在日照好的地方，可以盆栽种植。薄荷的地下茎伸展迅速，种在花盆里根系很容易爆满，需要每年换盆。

苹果薄荷

叶子柔软，很有特色。散发苹果香气。

留兰香

香气比辣薄荷更浓，适合做点心。

黑胡椒薄荷

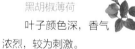

叶子颜色深，香气浓烈，较为刺激。

日本薄荷

香气浓烈，比辣薄荷中所含的薄荷油多。

基本 **干香草茶的泡法**

1. 1杯香草茶大约需要1茶匙的干香草。将干香草放入带有茶网的茶壶中，倒入开水。

2. 为了避免香草中挥发性成分飘散，一定要盖上盖子，等待3分钟。如果选用的是根或果实等较硬的部位，则须等待5分钟。

3. 取出香草，轻轻摇晃茶壶，待浓度均匀后即可倒入茶杯享用。

* 如果茶壶没有茶网，可以使用小筛子代替。泡好的香草茶尽早饮用完。

浸泡油

肠胃不适时，
外用薄荷油也能缓解

辣薄荷宜用夏威夷果油浸泡，涂抹于胃部附近，可以缓解胃部的不适，对肌肉疼痛也有明显的效果。使用新鲜香草制作浸泡油容易发生霉变，建议用干香草浸泡，浸泡时香草须完全浸入油里。

蒸汽吸入

赶走瞌睡，
提高注意力

辣薄荷含有的薄荷油成分可以刺激大脑，赶走瞌睡。使用干燥或新鲜叶片，进行蒸汽吸入。

1. 脸盆里放入辣薄荷叶，倒入开水。

2. 头上搭1条毛巾，遮挡在脸盆上方，慢慢吸入升起的蒸汽。

*挥发性成分会刺激眼睛，蒸汽吸入时要闭上眼睛，注意头部不要太过靠近脸盆，容易被烫伤或刺激。

Data

学名： *Mentha × piperita*
别名： 胡椒薄荷
科属名： 唇形科薄荷属
原产地： 地中海沿岸部分国家
作用： 激活（之后镇静）、镇痉挛、祛风、利胆
适用症状： 瞌睡、注意力不集中等神经衰弱的症状，腹部饱胀，鼓肠，食欲不振，过敏性肠道综合征
副作用： 未知

薰衣草

花

干燥的花枝也能散发迷人香气

选择完整的、紫色鲜明的花蕾部分。

香气 No.1 的
放松香草代表

　　一枝薰衣草就能使房间弥漫馥郁的香气，空气和心情都会瞬间清新。

　　薰衣草的特点是全草都含有常用于化妆品的芳香成分乙酸芳樟酯和芳樟醇。它的香气有镇静、镇痉挛的作用，让内心安稳平静的同时，还可以改善肩周和腰部的疼痛，疏解紧张感，对肠胃不适和高血压也有缓解作用。另外，薰衣草具有很强的抗菌和抗真菌作用，对皮肤的刺激性小，可用于皮肤护理。

　　薰衣草的香气由鼻腔吸入，再由脑部循环至全身，进而发挥效果，也适合用于芳香浴。

 镇静

 镇痉挛

 抗菌

干薰衣草的制作方法

干燥

　　新鲜的薰衣草洗干净后擦干水。薰衣草的茎干坚硬，可以成捆倒挂起来，但是重叠的部分可能会发霉，最好分成小把来捆扎。注意避免阳光直射，倒挂在通风良好的地方，可使用空调的送风模式来干燥。

薰香 使用精油灯或是扩香器，让精油挥发。

蒸汽吸入 脸盆里加入1L 热水，滴入1~3滴精油，吸入冒出的蒸汽。

精油护理 在荷荷巴油或夏威夷果油等植物油（10mL）中滴入2滴薰衣草油，轻柔按摩。

软膏（参考 P21）5g 蜂蜡中加入夏威夷果油25mL，隔水蒸化后，再滴入10滴薰衣草精油，混合均匀，冷却后做成软膏。

面膜（参考 P69）以黏土或酸奶、蜂蜜等作为面膜基料，加入1滴薰衣草精油，混合均匀，做成面膜膏。

空气清新剂 75% 酒精10mL 中加入10~20滴薰衣草精油，混合均匀，再加入50mL 精制水，倒入喷瓶容器中使用。

精油 **精油的使用方法**

　　精油是从植物的花、叶、果皮、树皮、根、种子等部位中提取出的天然成分，含有高浓度的挥发性芳香物质。不同植物中提取出的精油香气、成分和功能各异。精油可溶于油脂和酒精，难溶于水。

　　精油原液由于浓度过高，在外用时须稀释，大约稀释到1%的浓度才能使用。使用前先做小面积皮肤测试以保障安全。原则上不外用原液，也要避免内服。

　　* 薰衣草精油用于治疗烫伤、脚气等，涂抹于小范围皮肤表面时，可直接擦拭原液。

手握住精油瓶，用体温帮助精油融化，空气孔向上倾斜，一滴滴慢慢倒入。

入浴剂

消除紧张感的薰衣草精油浴盐

　　可以用天然盐来制作浴盐。40g 天然盐中滴入 4 滴薰衣草精油，混合均匀。如果要加入干香草的话，可以用小布袋包起来再放入浴缸。

学名：*Lavandula angustifolia*	*Data*
别名：唇形科薰衣草属	
原产地：地中海沿岸	
作用：镇静、镇痉挛、抗菌	
适用症状：不安、睡眠障碍、神经疲劳、神经性胃炎	
副作用：未知	

迷迭香

含有丰富的精油，新鲜枝条摸起来黏黏的

类似针叶树的强烈香气。香气过强，混合时要调节用量。

抗氧化力超群
重返青春的秘密武器

关于迷迭香有个故事：有一位一直使用迷迭香化妆水的78岁匈牙利女王，得到了比自己年轻30岁的邻国王子的求婚。迷迭香因有**特别强的抗氧化作用**，作为预防老化的香草一跃成为备受关注的"明星"。

迷迭香中含有的木犀草素有**促进血液循环的功效**，对于肩部劳累、头疼、皮肤粗糙暗沉都有改善效果，还可以预防动脉硬化。

另外，迷迭香中还含有防止记忆力退化作用的迷迭香酸，对于预防认知障碍症的效果也值得期待。

但是，高血压人群在使用时需要注意。

品种 有3个不同品种

同一物种的植物，因生长环境的不同，长期演变出遗传性稳定且具有同一共性的物质即为品种。

迷迭香有3个品种，各有不同的特征及作用。樟脑迷迭香：促进血液循环。桉油醇迷迭香：提高注意力和记忆力，预防认知障碍症。马鞭草酮迷迭香：缓解消化系统的不适，调节激素水平，抗氧化功效最为出色。

抗氧化

促进血液循环

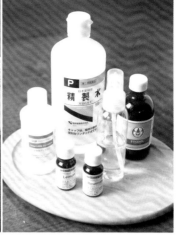

精油

用精油制作
迷迭香化妆水

化妆水中加入甘油为滋润型的化妆水，不加则为清爽型。单次少量制作，尽早用完。

材料

医用酒精（或无水酒精）5mL、精制水 40mL、甘油 5mL、精油 5 滴（迷迭香精油 3 滴 + 柠檬精油 2 滴）。

做法

1. 喷瓶中倒入酒精，再滴入精油混合均匀。

2. 加入甘油，混合均匀，再加入精制水，完成。不使用甘油时直接加入 45mL 精制水。

* 无水酒精在部分香草店有售。

干燥

促进血液循环，
改善体寒

　　体寒、肩膀酸痛、容易便秘、经常出现乏力等情况的人推荐进行足浴。用干迷迭香泡脚，坐在椅子上享受 15 分钟，身体就会温暖起来。

　　1. 盆里加入 10g 干迷迭香，倒入开水，放置 10 分钟，这期间可以享受蒸汽吸入。

　　2. 调整热水温度，待温度适宜后放入双脚。水冷了的话可加入热水。

临睡前喝一杯
迷迭香酒

　　白葡萄酒中放入迷迭香枝条浸泡 1 周左右，香气会沁入酒中。推荐畏寒虚弱体质或是天冷就乏力的人，以及老年人临睡前喝一杯。

Data

学名： *Rosmarinus officinalis*
科属名： 唇形科迷迭香属
原产地： 地中海沿岸
作用： 抗氧化、促进消化、促进血液循环、促进正性变力作用
适用症状： 食欲不振、消化不良、血液循环不畅、风湿病、关节炎
副作用： 未知

金盏花

花瓣轻盈柔软，比较难处理

挑选深黄色的花瓣，这种花瓣没有特别的香气，略带淡淡的苦味。

改善皮肤的好帮手

金盏花是人气很高的切花素材之一。

金盏花鲜艳的橙黄色花瓣里含有叶黄素、番茄红素等类胡萝卜素和类黄酮成分，具有消炎、平复肌肤的效果。

类胡萝卜素可以修复受伤的皮肤和黏膜，并起到保护作用，很早就已用于修复烫伤、皮肤粗糙、皮肤炎症等。由于类胡萝卜素是脂溶性成分，还可以将其溶于植物油中来制作金盏花油。金盏花油刺激性小，婴儿、孕妇、老年人都可以安心使用，对于婴儿的湿疹、孕妇的妊娠纹，以及老年人的皮肤护理都有一定效果。

黏膜 保护 消炎 抗菌

浸泡油 金盏花油在妊娠期间和产后都能使用

金盏花油对于预防妊娠纹的产生、进行乳头护理及会阴部的按摩等有很好的效果，在孕妇的身体护理中用途广泛，很多助产士都会推荐使用。也可用于改善婴儿湿疹，一物两用，极为方便。

基本 金盏花浸泡油的制作

将香草浸入植物油中，让脂溶性有效成分溶解释放至植物油中，就得到香草浸泡油。香草浸泡油可以直接涂抹于肌肤，也可以作为软膏或乳霜的基剂。

1. 容器中加入 4g 干金盏花，注入 100mL 植物油。香草须完全浸泡到油里，如未完全浸泡，可再添加植物油。

2. 盖紧瓶盖，轻轻摇晃，让干金盏花与植物油混合均匀。

3. 在阳光充足的地方放置 2 周左右，让有效成分释放出来，每天摇晃容器 1 次。

4. 2 周后，用厨房纸滤出干金盏花，得到浸泡油。

5. 转移至保存容器中，贴上标签，置于凉暗处保存，3 个月内用完。

* 浸泡用的容器要用沸水消毒，晾干。

* 保存容器建议使用深色、遮光性好的。

* 也有在耐热容器里加入香草和植物油，隔水蒸 30 ~ 60 分钟的方法来溶出有效成分，这样可以在当天快速得到制品。

家庭常备品 金盏花万用软膏

用金盏花浸泡油制作的软膏可用于皲裂、红血丝、过敏性皮炎、青春痘、湿疹、烫伤、嘴唇干燥等，可以说是万用软膏。

1. 烧杯里加入 25mL 金盏花浸泡油和 5g 蜂蜡，隔水加热，用玻璃棒进行搅拌。

2. 待蜂蜡完全融化，停止加热，倒入事先准备好的容器中保存。

3. 软膏凝固后，贴上标签，置于凉暗处保存，3 个月内用完。

学名: *Calendula officinalis*
别名: 金盏菊
科属名: 菊科金盏花属
原产地: 地中海沿岸
作用: 修复皮肤及黏膜、消炎、抗菌、抗真菌、抗病毒
适用症状: 口腔炎症、皮肤炎症、创伤、溃疡
副作用: 未知

Data

圣约翰草
（贯叶连翘）

花 叶 茎

泡出的茶有青草香

市售的干香草中通常都含有花的部分。如果手上有干圣约翰草，一定要尝试制作酊剂和浸泡油。

 品种 **弟切草的故事**

日本传统的弟切草是与圣约翰草同属的另一个品种。这个奇怪的名字来源于日本的一个传说：有一位名叫晴赖的养鹰师，他秘密地将此草用于给鹰疗伤，当他弟弟把这件事泄露给他人后，愤怒的晴赖杀死了弟弟。弟切草的花和叶子上暗红色的斑点，就是那位养鹰师杀死弟弟时溅出的鲜血。

缓解低落的情绪
天然的抗抑郁剂

在西方，贯叶连翘又叫圣约翰草。早在古希腊时代，圣约翰草就已用于为士兵疗伤。据说在夏至日收获的圣约翰草的效用最强。圣约翰草中含有具有强化血管作用的叶黄素和收敛作用的单宁，除了疗伤，还可以治疗烫伤、虫咬、皮炎。

无精打采或是情绪低落的时候饮用圣约翰草茶能够振奋精神，小孩躁动不安或是情绪不稳定时也可以饮用。

但是，圣约翰草中含有光敏成分，饮用后应避免被强烈的阳光和紫外线照射。另外，与其他香草混合使用时要注意，可能会发生相互作用。

消炎

镇痛

基本 酊剂的基本制作方法

　　香草中有些难溶于水的有效成分可以用酒精提取出来，这使得酊剂中所含的有效成分更加多元。另外，酒精还有杀菌的作用。酊剂的保存期长达1年，这也是其优点之一。如果溶剂使用的是伏特加或其他白酒的话，制作出的酊剂还可以饮用。

　　酊剂口服即刻便会被口腔黏膜和胃部吸收，效果迅速，即使少量服用也有显著效果。酊剂的酒精度数较高，口服前须稀释30~100倍；用湿布外敷使用时，须稀释4~10倍。避免酊剂被儿童误饮或是引发火灾。

用黄色的花瓣做出的酊剂却是鲜艳的红色。这是因为圣约翰草含有一种名为金丝桃素的红色色素。

1. 容器用沸水消毒后放入4g干香草（这里是圣约翰草），再加入80mL伏特加（40%Vol.）或白酒（35%Vol.）。

2. 盖好盖子，轻轻摇晃，让干香草与酒精混合均匀。

3. 凉暗处放置2周，让有效成分溶解出来，每天摇晃容器一两次。

4. 2周以后，用茶网把香草过滤掉。

5. 将酊剂转移至保存容器里，贴上标签，凉暗处保存。保质期大约为1年。

茶 好喝的混合茶配方

精神不振的时候

圣约翰草　＋　西番莲　＋　德国洋甘菊

痛经或经前期综合征（PMS）

圣约翰草　＋　树莓叶　＋　德国洋甘菊

因减肥而烦躁不安时

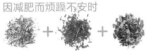

圣约翰草　＋　桑叶　＋　辣薄荷

恢复活力和自信

圣约翰草　＋　玫瑰果　＋　木槿

更年期的倦怠

圣约翰草　＋　鼠尾草　＋　辣薄荷

注意事项

　　研究发现，圣约翰草可以通过影响药物代谢酶的活性机制影响药物的疗效，特别是与下述药物一起使用时要注意：

　　抗艾滋病药物、强心药、免疫抑制药、支气管扩张治疗药、抗凝血药、口服避孕药。

　　如有疑虑，请务必与医师商量。

Data

学名：*Hypericum perforatum*
别名：贯叶金丝桃、圣约翰草
科属：藤黄科金丝桃属
原产地：欧洲
作用：抗抑郁、消炎、镇痛
适用症状：神经疲劳、轻度—中度抑郁、季节性情绪问题、PMS、创伤、烫伤
副作用：具有光敏性，皮肤敏感的人使用须特别注意，另外要避免与抗抑郁药、强心药、抑制免疫药、支气管扩张治疗药、脂质异常症治疗药、抗艾滋病药物、抗凝血药、口服避孕药等一起服用

药用鼠尾草

（叶）

干燥的叶片会发白

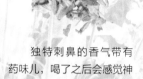

独特刺鼻的香气带有药味儿，喝了之后会感觉神清气爽。

（茶）**药用鼠尾草的饮用搭配**

温和系
西洋菩提树叶

清爽系
柠檬香茅

清淡系
荨麻

唤醒活力的
强效香草

药用鼠尾草是鼠尾草家族的成员，和樱桃鼠尾草、墨西哥鼠尾草等同属，有很多名为鼠尾草的园艺品种，作为药用的是普通鼠尾草（也叫花园鼠尾草）。

鼠尾草的香气浓郁、独特，叶子具有杀菌作用，在烹制肉类或鱼类食品时添加鼠尾草还可以去除腥味；鼠尾草中还含有具有收敛作用的单宁，可以改善月经过多、多汗、母乳分泌过多的情况，对更年期的各种症状也有好处。

鼠尾草的抗氧化作用仅次于迷迭香，还有提高记忆力、防止机体老化等作用。

抗菌

抗病毒

收敛

鼠尾草气味较重，不宜单独饮用，可以和其他香草混合。加入西洋菩提树叶和德国洋甘菊等温和系香草会抑制气味；加入荨麻和问荆等清淡系香草成为野草茶风味；混合柠檬香茅和柠檬香蜂草等清爽系香草则成为其主调香气……这样组合使用更有乐趣。若味道不太协调，可以加入辣薄荷，会相对好喝。

另外，饮用鼠尾草香草茶以少量多次为好。

茶 缓解女性更年期症状的香草

　　女性在更年期时体内雌激素分泌减少，会出现情绪低落等症状。鼠尾草中含有的迷迭香酸具有收敛作用，可以**预防和改善潮热、缓解夜间盗汗**，还能**调整激素水平**。在鼠尾草香草茶中加入可防止骨质疏松的问荆、抗抑郁的圣约翰草、消除紧张感的西番莲以及德国洋甘菊等混合饮用，可以减轻更年期特有的忧郁症状。

酊剂

鼠尾草酊剂用于口腔护理

　　将鼠尾草、百里香和辣薄荷以2：2：1的比例混合制成酊剂，加水稀释后用作漱口水，有杀菌的功效，可以**改善喉咙痛、口炎等问题，还有防止口臭的作用**，很适合在不方便刷牙的时候使用。

精油

快乐鼠尾草精油

　　和药用鼠尾草同属的快乐鼠尾草（*Salvia sclarea*）是一种大型的鼠尾草，有着类似青提的甜美香气，经常被用作香水和化妆品的原料。它含有调整体内雌激素水平的功效成分，对于缓解更年期症状、痛经、PMS有一定效果。也可用来进行芳香浴和油敷，但有可能出现较强的镇静作用，请不要在驾驶前使用。

Data

学名：*Salvia officinalis*
科属名：唇形科鼠尾草属
原产地：地中海沿岸、北非
作用：抗菌、抗真菌、抗病毒、收敛、抑制发汗和母乳分泌
适用症状：口炎和咽喉炎、更年期和心理性出汗异常、盗汗
副作用：长期服用酊剂可能对身体有害

百里香

植株虽然矮小，却是灌木

带有类似药物的强烈香气。有苦味，饮用后身体有紧缩的感觉。

强效抗菌作用
帮助保护呼吸系统

百里香自古就被当作勇气的象征。在古罗马时代，为了让战士们鼓起勇气奋力战斗，常以百里香枝条入浴。

百里香精油中含有的百里香酚和香芹酚具有很强的抑菌、杀菌作用，吸入香气后喉咙、支气管，甚至是肺部的状况都可以得到改善；皂苷有祛痰的作用。利用百里香精油的抗菌作用，还可以将其放在衣柜里防虫，或是用于宠物防跳蚤。

百里香精油是功效非常强的精油，使用时要注意；但百里香香草茶作用平缓，德国儿科医生会把它作为儿童的处方药来使用。

粉末 ### 百里香在旅行时的妙用

外出旅行时经常会有饮食不习惯的情况发生，也会因为水土不服而患上感冒。把百里香和辣薄荷一起磨成粉末，出行时携带，以防不时之需。

辣薄荷粉末　　　百里香粉末

 ＋

抗菌

祛痰

镇痉挛

香草在宠物护理中的妙用

香草在宠物的健康管理上也可以发挥作用。使用量根据宠物体格的大小来调整，各种功效基本和人类一样。抑菌性强的百里香可用于**缓解牙周炎、消化不良和驱除寄生虫**，使用时把粉末混入饲料里，或浸泡成茶汤灌入宠物口中；圣约翰草可**改善过敏体质和缓和不安情绪**；外伤可以使用金盏花和松果菊，但是症状严重或是用后没有改善，则需要尽早送兽医师诊断。

酊剂

喉咙发痒用百里香喷雾

将 10 滴百里香酊剂与 10mL 精制水灌入小型喷雾瓶，方便携带。加入提高免疫力的松果菊酊剂，可润泽喉部。

香草蜜

百里香蜂蜜——小孩的营养品

百里香抑菌和镇痉挛的作用对小孩的哮喘和支气管炎有效果。将百里香浸入蜂蜜做成百里香蜂蜜，用温水稀释服用，能缓和咳嗽时的支气管痉挛。

香草蜜一般是隔水蒸煮制作，功效强的百里香直接浸泡在蜂蜜中也有很好的效果。

学名： *Thymus vulgaris*　　　　*Data*
科属名： 唇形科百里香属
原产地： 欧洲、北非
作用： 抑菌、祛痰、缓解支气管痉挛
适用症状： 支气管炎、百日咳、上呼吸道不适、消化不良、口臭
副作用： 未知

罗勒

叶子沾水会变黑，养护时要注意

新鲜的罗勒叶片口感最佳，未用完的叶片也可以自制成干罗勒叶。

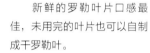

好吃又好养
帮助镇痛和放松的香草

罗勒在食用香草里拥有很高的人气，很多人都会在家里种上一盆罗勒用来做菜。有着与丁香一样辛辣香气的它，从古希腊时代就被王室所钟爱，因此也被称为"王室的香草"。

罗勒精油里含有镇静和提高消化系统功能作用的成分。食欲不振或消化不良时，饮用一杯罗勒茶，茶中散发的香气能刺激人的神经，让人心情放松，头脑清醒，同时也可以改善胃部不适和头痛等。新鲜的罗勒叶片中含有大量的 β-胡萝卜素，因此，它的抗氧化作用也值得一提。

 种子 ## 罗勒的种子
也是很好的食物

罗勒的种子富含膳食纤维和矿物质，吸收水分后会膨胀变大，生出啫喱状的外膜，口感独特，可加入饮料和甜品中食用。购买时要选择食用种子而非园艺种子。

消化促进

抗氧化

新鲜 **醋**

香草醋的做法

香草的香气会转移到醋里，除了用作调料，也可以用水稀释后作为健康饮品。新鲜香草水分含量高，容易发霉，使用前须将水汽擦拭干净。

材料

1 枝罗勒、1 瓣大蒜、1 根辣椒、白葡萄酒醋或苹果醋。

做法

1. 将醋以外的全部材料放入容器后，再倒入醋，所有材料须完全浸入醋中。

2. 放在无日光直射的地方，每天轻轻摇晃 1 次。

3. 1 周后取出材料，香草醋置于凉暗处保存，6 个月内用完。

基本 ## 香草酱的做法

新鲜香草中加入喜爱的调味料，与油混合放入食品料理机中制作成香草酱。用罗勒做成的罗勒酱（又名热那亚青酱）很有名。别的香草搭配不同的调味料，也会有不一样的风味。

材料

20 片罗勒叶，1 大勺松子，1~2 大勺帕梅森芝士粉，1 瓣大蒜，4 大勺特级初榨橄榄油，盐、胡椒适量。

做法

所有材料一并放入食品料理机，搅拌到柔滑。

适合制作香草酱的香草和蔬菜

欧芹，芝麻菜，紫苏，茼蒿，荨麻，香菜。

混合创意

可以用味增酱、胡椒盐、沙丁鱼罐头、鱼露等代替盐，或是用芝麻油、葡萄籽油代替橄榄油，做成独创的酱。

栽培 ## 赶紧摘下来使用吧

挑一株春季上市的幼苗，试着培育罗勒吧。罗勒是原产于热带地区的植物，不耐低温，5 月以后生长比较旺盛，6 月开始生出花芽。如果想要收获更多的叶子，须摘掉花芽，让其生发侧芽，长出新芽。这样连续不断地修剪，从切口长出新的侧枝，就能收获柔软的新叶。需要注意的是，罗勒叶一旦缺水，造成的损伤不可逆转，所以需要及时浇水。

学名: *Ocimum basilicum*
科属名: 唇形科罗勒属
原产地: 亚洲热带国家
作用: 促进消化、抗氧化
适用症状: 食欲不振、消化不良、乏力
副作用: 未知

Data

荨麻

Ortie

新鲜荨麻带刺，采摘时要小心

坚持服用
帮助改善体质

　　荨麻（包括其近缘品种）遍布全世界，是一种很有名的野生香草。它全株都带有尖锐的刺，一旦触碰到就会痛痒难忍，但因为它具有多种功效，仍不失为一种优秀的香草。

　　荨麻中含有叶绿素、叶酸和槲皮素，有强化血管、净化血液、促进血液循环的作用。另外，荨麻中还含有硅、钙、铁等矿质元素，可以强化关节组织，并且还有利尿的作用。荨麻在净化血液的同时，还可以促进人体内废物的排出，对改善过敏体质很有帮助，可有效应对花粉过敏症状。

利尿

抗过敏

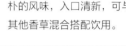

干荨麻有野草茶般质朴的风味，入口清新，可与其他香草混合搭配饮用。

 粉末

易于制作的香草粉末

　　将干燥的香草用食品研磨机研磨成粉末即可得到香草粉末。香草粉末的优点是使用整株香草进行研磨。这样，粉末中混合了香草的各个部位。香草粉末可以像保健品一样冲泡饮用，或是在餐食中随餐食用，也可作为膏药进行外敷治疗。

尽早应对花粉症

花粉症是一种过敏症状。导致过敏的原因主要是异物（过敏原）进入体内，释放出生理活性物质，引起毛细血管扩张、血管壁通透性增强，从而出现发痒等过敏症状。**在花粉过敏的高发季节到来前强化血管，改善体质，可使症状得到缓解**——这就是所谓的春季疗法，在欧洲颇为流行。荨麻香草茶及其食疗品（包括粉末和酊剂）能够有效改善体质。过敏体质的你在冬季快结束时就开始调理吧。

基本

制作荨麻粉末的方法

做法

干荨麻用食品研磨机磨成细粉末，再用茶网过筛。荨麻粉末容易氧化，请放入密封罐储藏，2 周内用完。

荨麻有利于**增进造血功能、强化血管和预防骨质疏松**，每天早晨在酸奶上撒点荨麻粉末一起饮用，是个好习惯。

尖锐的刺引发剧烈痛痒

荨麻叶子和茎上长满尖锐的刺，基部含有引发痛痒的汁液，一旦碰触到，不仅疼痛，还伴随瘙痒。

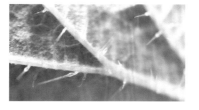

干燥

干荨麻的简单食谱

荨麻没有特殊的味道，料理时方便添加。为了让它能发挥出最大功效，料理时请注意以下两点：①连同浸泡水一起使用；②和油脂成分一起使用。

荨麻汤

1. 洋葱切碎、土豆剥皮切碎，一起炒熟，加水；

2. 加入荨麻，慢慢加热至食材软烂；

3. 用食品搅拌机打碎，加盐调味，盛入汤碗，滴入几滴柠檬油即可食用。

* 也可以加入芹菜等有香气的蔬菜或是鸡汤调味。

学名： *Urtica dioica*　　　　　　　*Data*
科属名： 荨麻科荨麻属
原产地： 欧洲、亚洲
作用： 利尿、净化血液、造血
适用症状： 类风湿、花粉症、过敏、痛风、尿道炎、皮肤创伤
副作用： 未知

玫瑰

香气易挥发，须妥善保管

选择颜色鲜艳的玫瑰花蕾和玫瑰花瓣。

保存 冷冻保存

新鲜的玫瑰花瓣用不完可以冷冻保存，但香气和颜色会逐渐劣化，尽早用完为宜。

品种 药用玫瑰

大马士革玫瑰

高卢玫瑰

大马士革玫瑰：香气扑鼻，精油被称为玫瑰油。

高卢玫瑰：药用玫瑰的代表，也被称为药剂师玫瑰。

刺激雌激素分泌
让女性活力感满满

玫瑰因为有着馥郁的芳香而被称为"香气女王"。传说埃及艳后克利奥帕特拉和法国王后玛丽·安托万内特的床上都铺满了玫瑰花瓣。玫瑰中的香气成分香茅醇和香叶醇有缓解恐惧的作用，能让人从悲伤与不安的情绪中解放出来，振奋精神，特别是可以调节雌激素水平，改善 PMS 和更年期所特有的消沉情绪。另外，玫瑰中还含有具有收敛作用的单宁，也用于改善喉咙、黏膜的炎症与消化器官功能失调。

现在，玫瑰的品种有4万多个，但是可用于泡茶和进行芳香疗法的玫瑰仅仅数种，基本是包括野生玫瑰在内的古老玫瑰等原生种系。

镇静

收敛

食物中的玫瑰——滨梨

食用玫瑰的代表品种是一种在北日本的海岸边生长的野生玫瑰，花瓣鲜红，单瓣，花朵直径5~10cm，因花后结出的圆形果实形似梨子而得名"滨梨"。

玫瑰花瓣可以用来装点餐桌，鲜艳的色彩与四溢的芳香令人心情舒畅，食欲大增。

盐 玫瑰盐

玫瑰盐色香味美，可以用在沙拉和点心中，也可以用于鱼和肉类的料理，还可以作为入浴剂。

材料

玫瑰花瓣 5~10g，岩盐 100g，柠檬汁适量。

做法

1. 花瓣洗净，擦掉水。

2. 碗中放入岩盐和花瓣，搓揉直到花瓣破碎出现粉色汁液。

3. 加入柠檬汁，继续搓揉至整体变为粉色。

4. 在炒锅中垫一层厨房纸，加入步骤 3 中的混合物，小火慢炒，注意不要炒煳。

5. 干燥后得到玫瑰盐，用密封容器保存以免受潮。

酊剂 轻松获取玫瑰的能量

将玫瑰花瓣浸入伏特加中制作玫瑰酊剂。如果没有新鲜花瓣，干燥花瓣也可以。带有玫瑰的颜色和芳香的酊剂可以帮助缓解大脑疲劳，恢复活力。另外，玫瑰酊剂还具有收敛的作用，因此还可以用来制作化妆水。

糖浆

玫瑰糖浆

500mL 水中加入 500g 砂糖，加热至砂糖完全溶化后改小火，慢慢熬煮成黏稠的糖浆，达到需要的浓度后关火，加入 1 大勺花瓣和 1 大勺柠檬汁，余热会让香气融入糖浆中，静置冷却后倒入容器中，冷藏保存，1 个月内用完。玫瑰糖浆可以加在苏打水中，也可加入冰激凌或是酸奶。糖浆的详细做法参见 P51。

醋 玫瑰醋

玫瑰花瓣浸入苹果醋中，可得到色泽鲜艳的玫瑰醋。玫瑰花瓣在浸泡过程中会逐渐变得苦涩，浸泡 2 周后取出花瓣为宜，再加入蜂蜜调整甜度即可。玫瑰醋是一款健康的饮料。

学名: *Rosa rugosa*　　　　　　　*Data*
科属名: 蔷薇科蔷薇属
原产地: 亚洲东部
作用: 镇静、缓和、收敛
适用症状: 神经过敏、忧郁、便秘、痢疾
副作用: 未知

玫瑰果

果

从上到下分别为生果、半干果、全干果粉末。由于玫瑰果的果肉比较硬，有效成分溶出需要一定时间。

含水溶性维生素 C，可用来泡茶

补充维生素 C
美容养颜好选择

　　玫瑰果是玫瑰花凋谢后由花托发育而成的肉质浆果。一般市售的玫瑰果都是去除掉了周围白色的茸毛和中间的种子的干果。

　　玫瑰果中含有丰富的维生素 C，大约是柠檬的10倍。维生素 C 是一种人体必需的营养素，可以促进胶原蛋白合成，不仅能预防皱纹和斑点，还有预防感冒和提升免疫力的功效，非常适合在发烧时或运动后服用。

　　此外，玫瑰果中还含有具有抗氧化作用的维生素 E、番茄红素、β-胡萝卜素以及有缓下作用的果胶和果酸，堪称美容佳品之首。

Data

学名：*Rosa canina*
科属名：蔷薇科蔷薇属
原产地：欧洲、西亚、北非
作用：补充维生素 C、缓下
适用症状：缺乏维生素 C、预防流感、便秘
副作用：未知

缓下

茶 **美容香草搭配**

痘痘等肌肤问题

玫瑰果　＋　锦葵

皮肤粗糙

 ＋
玫瑰果　　德国洋甘菊

细纹

玫瑰果　＋　接骨木花

玫瑰果蜂蜜膏

　　玫瑰果粉末用热水浸泡，再加入蜂蜜混合均匀成膏状，可直接食用或涂抹于面包，还可以添加到酸奶里。泡茶后的果渣中还含有有效成分，可以继续利用。

柠檬香茅（柠檬草）

驱散害虫、细菌的清爽香草

柠檬香茅是一种在泰国、越南、柬埔寨等东南亚国家非常流行的香料，其粗壮的茎干部分可用来制作极具人气的冬阴功汤。

柠檬香茅中含有大量柠檬醛，香味比柠檬更浓烈。柠檬醛有抗菌作用，可用于预防感染，还有助于调理食欲不振、消化不良等肠胃失调等症状。柠檬香茅精油的驱虫效果非常好，是生活在热带地区的人们不可或缺的好物。

叶

叶子容易割伤手，要小心

有着柠檬和青草混合的香气，味道清爽，但稍显淡薄，可用于混合香草。

酊剂

能防虫的室内清新剂

用柠檬香茅酊剂制作室内喷雾剂。在喷雾器里加入 5mL 柠檬香茅酊剂，再加入 95mL 精制水，混合均匀即可。将其与辣薄荷酊剂及艾草酊剂混合，可以进一步提升驱虫效果。

茶　**清爽香草搭配**

预防感染

柠檬香茅　＋　辣薄荷　＋　杉菜

调理肠胃

柠檬香茅　＋　辣薄荷　＋　紫苏

平静心情

柠檬香茅　＋　柠檬香蜂草　＋　辣薄荷

新鲜

柠檬香茅酱油

酱油中放入1根柠檬香茅。调制后的酱油味道清爽。

学名：*Cymbopogon citratus*
别名：香茅、柠檬香茅
科属名：禾本科香茅属
原产地：热带亚洲
作用：健胃、祛风、抗菌、调味、除臭
适用症状：食欲不振、消化不良、感冒
副作用：未知（外用精油制剂可能引起皮肤过敏）

Data

健胃

祛风

抗菌

朝鲜蓟（菜蓟）

Artichoke

朝鲜蓟有强烈的苦味，
但直接饮用肠胃会很舒畅。

叶子上有白色茸毛，看起来毛茸茸的

苦味物质帮助消化，强化肝脏的活动

菜蓟又叫朝鲜蓟，以意大利、法国种植最多，硕大的花蕾可作为食材使用，叶子肥厚巨大、有深裂，表面有白色茸毛。

朝鲜蓟泡茶有强烈的苦味，饮用能刺激肠胃蠕动，对缓解消化不良和食欲不振等不适很有效果。另外，朝鲜蓟中还含有强化肝脏活动的西那林，有促进肝脏解毒的功能，在喝酒前或是吃得太多时可饮用。

苦味物质有利于缓解身体的不适感。在越南，人们会用朝鲜蓟的花和根部做成不苦的朝鲜蓟茶，很受女性的欢迎。

酊剂 菜蓟苦素有美白作用

朝鲜蓟的叶子中含有的苦味成分菜蓟苦素可以抑制由日晒引起的黑色素的产生，美白效果好，还有防止肌肤弹力下降和收缩毛孔的作用。

乳蓟

蒲公英

朝鲜蓟

茶 苦味的香草茶

苦味物质可以增强肠胃蠕动，强化肝功能。蒲公英、朝鲜蓟和乳蓟被称为 3 大"强肝香草"，其中功效最强、苦味也最重的是乳蓟。加入适量辣薄荷可改善口感。

消化促进

益肝胆

Data

学名：*Cynara scolymus*
别名：朝鲜蓟
科属名：菊科菜蓟属
原产地：地中海沿岸
作用：促进消化、利胆强肝
适用症状：消化不良、食欲不振、高血脂、
　　　　　动脉硬化
副作用：未知

锦葵

黏液丰富的
润泽香草

锦葵花瓣中含有飞燕草素。鲜锦葵花是可爱的粉红色，干燥后变成淡紫色，刚泡好的锦葵香草茶如三色堇的蓝紫色，放置一段时间后变成粉色，加入柠檬汁又立刻变成红色。锦葵颜色的变化诉诸视觉，有治愈效果，飞燕草素也有抗氧化作用。

另外，锦葵中含有丰富的黏液，具有保护皮肤和黏膜的功效，在欧洲自古以来就是喉咙痛、咳嗽和肠胃不适时的用药。

花
花瓣很薄，使用时请注意

快速干燥的锦葵花朵呈紫色，味道淡，特征不明显。

锦葵的家族

都是富含黏液，具有缓解喉咙疼痛、保护胃黏膜和美容养颜功效的香草。

药蜀葵
利用部位：根

黑锦葵
利用部位：花

茶 ## 蓝色的茶瞬间变成粉红色

用水泡出的锦葵茶是鲜艳的紫色，加入柠檬汁后，瞬间变成粉色。

学名: *Malva Sylvestris*
科属名: 锦葵科锦葵属
原产地: 欧洲
作用: 保护皮肤及黏膜、缓和刺激、软化肌肤
适用症状: 口腔、咽喉、肠胃、泌尿系统的炎症
副作用: 未知

Data

保护黏膜

松果菊

花 叶 茎 根

有青草的香气，冲泡后颇有野草茶的风味，易于饮用。

叶子有深纹，茎和花心较硬

感冒初期
帮助提高免疫力

松果菊有着淡红色的花朵，在香草园里很引人注目。北美的原住民最早使用松果菊来治疗传染病和蛇咬伤；后来，欧洲的一些研究发现它具有较强的提高免疫力的作用；现在，松果菊已被认为是接近药物的香草，在感冒、带状疱疹、膀胱炎等因免疫力低下而引起的感染症上发挥作用。另外，松果菊也有消炎杀菌的作用，可用在难以治愈的伤口上。

但对于花粉症、过敏反应等因免疫过剩而引起的症状，松果菊会起到相反的作用，要避免使用。

抗菌

抗病毒

消炎

Data

学名：*Echinacea purpurea*
别名：紫锥菊
科属名：菊科松果属
原产地：北美洲
作用：免疫赋活、治疗创伤、抗菌、抗病毒、消炎
适用症状：急性上呼吸道感染、流行性感冒、泌尿系统感染（尿道炎）、难愈合的伤口
副作用：未知

酊剂
值得常备的
松果菊酊剂

用新鲜松果菊或干松果菊做成酊剂，装入带滴管的小瓶里，当感到身体出现免疫力下降的症状时，滴数滴在饮品里服用。

绽放魅力的
优美花朵

松果菊有很多观赏种，花朵优美华丽，极具存在感，但不太适合药用。

接骨木

（花）

接骨木花的特征是花粉很多

预防流感的
特效香草

接骨木花茶有着如青葡萄一样的香气和淡淡的甜味，很容易入口。初夏开放的乳白色花朵最宜用来制作接骨木花茶。

接骨木花茶可以改善咳嗽、流鼻涕、喉咙痛等症状，还有一定的发汗和利尿作用，可在感冒初期饮用；另外，它还有抗过敏和改善血液循环的作用，可在打喷嚏或鼻塞时使用，也可用于缓解花粉症症状。

用香草制作的糖浆是欧洲的传统饮品，接骨木花糖浆在儿童中具有很高的人气。

Data

学名：*Sambucus nigra*
科属名：忍冬科接骨木属
原产地：欧洲、北非、西亚
作用：发汗、利尿、抗过敏
适用症状：感冒、花粉症
副作用：未知

香草蜜

接骨木花蜜

蜂蜜　　　　　接骨木花

做法

将接骨木花装进茶包，同蜂蜜一起装入耐热容器中，利用蒸汽隔水加热；用手指触碰蜂蜜，感觉到有热度时即可关火；冷却后取出茶包，将接骨木花蜜转移至保存容器中，贴上标签，置于凉暗处保存，6个月内用完。

利尿

抗过敏

接骨木花有着如青葡萄一样的香气与甘甜，用来泡茶也有甜味，容易入口。

西番莲

花 叶 苗

生长旺盛的藤本香草

干草的香气，适合与其他香草搭配饮用，有些许苦感。

改善消沉情绪
镇静效果极佳

　　西番莲又叫转心莲。因其花中心的雌蕊很像表盘上的指针，又被称为"时计草"。

　　西番莲中含有具有镇静效果的芹菜素、牡荆素等成分，可以缓解神经末梢的紧张感；哈尔满碱和哈尔醇能镇痉挛、抑制中枢神经系统。西番莲作用温和，老人、儿童均可安心使用。在因压力或不安等精神原因而不能入眠，又或是出现血压升高、头痛、神经痛、痢疾、便秘、持续过敏性肠道综合征等不适时，喝一杯西番莲香草茶能有效缓解。

镇静

镇痉挛

Data

学名：*Passiflora incarnata*
别名：转心莲、时计草
科属名：西番莲科西番莲属
原产地：巴西
作用：镇静（中枢系统）、镇痉挛
适用症状：精神不安、神经症、紧张性失眠、过敏性肠道综合征、高血压
副作用：未知

和鸡蛋果的区别

　　西番莲科的植物很多，鸡蛋果也是其中之一。鸡蛋果又叫百香果，原产亚热带地区，成熟后的果实种子附近的部分皆可食用，含有丰富的 β－胡萝卜素，具有抗氧化的作用。

百香果

茶 **改善头痛和痛经**

　　西番莲中除了含有镇静作用的成分外，还含有镇痛和镇痉挛作用的成分。疼痛剧烈时，可将西番莲与西洋菩提树和德国洋甘菊混合制成香草茶饮用；焦虑紧张时可以配合圣约翰草。

覆盆子

叶

叶子背面
有灰白色
茸毛，很
有特色

调整子宫及骨盆周围的肌肉
女性朋友的好伙伴

　　覆盆子作为水果广为人知。覆盆子叶香草茶在欧洲被称为安产茶，其中具有收缩、收敛作用的单宁和镇定肌肉痉挛作用的类黄酮，有助调节子宫及骨盆周围的肌肉，女性在生产之前饮用可以缓解阵痛，在妊娠第7个月时就可以开始饮用；分娩后饮用还能促进产后恢复。覆盆子叶中还含有美白成分鞣花酸，因此也有美容的作用。

干燥的覆盆
子叶毛茸茸的，
冲泡有淡淡的涩
味，类似日本番
茶的独特风味。

痛经和 PMS

　　覆盆子叶中的镇痛成分还可以缓解痛经、PMS 等症状。另外，疼痛时还要注意保暖，尽量不要喝糖分高的冷饮。覆盆子叶搭配同样具有镇静和镇痉挛作用的德国洋甘菊，再加上能改善心情的圣约翰草和西番莲，做成混合香草茶，在月经开始前 1 周饮用，不适的症状会减轻很多，同时使用能调整雌激素分泌的玫瑰精油进行香薰理疗，会让整个人更加放松。

茶 ## 色斑不再是烦恼

　　将含有鞣花酸的覆盆子叶、桑黄酮的桑葚和维生素 C 的玫瑰果这3种具有美白功效的香草做成混合香草茶饮用，有助于减少色素沉着、淡化色斑。

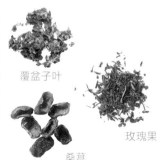

覆盆子叶

玫瑰果

桑葚

镇静

镇痉挛

收敛

Data

学名：*Rubus idaeus*
科属名：蔷薇科悬钩子属
原产地：欧洲、北亚
作用：镇静、镇痉挛、收敛
适用症状：痛经、PMS、产前准备、痢疾、口腔黏膜炎
副作用：未知

玫瑰茄

花

挑选花后膨大的花萼

干燥

新鲜

关于玫瑰茄茶有这样一段佳话：1964 年东京奥运会，埃塞俄比亚的长跑选手阿贝贝·比基拉在赛前饮用了一杯玫瑰茄茶，赢得了冠军且打破了当时的奥运会纪录。

独特的酸味
轻松赶走疲劳

　　玫瑰茄因含有花青素——玫瑰茄红，有一定的抗氧化作用，冲泡成茶后会呈现红宝石般艳丽通红的色彩，美艳至极；含有的鞣花酸、苹果酸、玫瑰茄酸等有机酸可以促进新陈代谢，加速消除疲劳、恢复体力；此外还含有黏液、果胶、铁、钙等成分。将玫瑰茄与富含维生素 C 的玫瑰果混合搭配制成香草茶，成分更丰富，味道也更好。

促进消化

缓下

利尿

Data

学名：*Hibiscus sabdariffa*
别名：洛神花
科属名：锦葵科芙蓉属
原产地：西非
作用：促进新陈代谢、促进消化、缓下、利尿
适用症状：身体疲劳、眼睛疲劳、食欲不振、便秘、感冒、上呼吸道感染、循环不畅
副作用：未知

茶

让甜品绽放美丽色彩

　　玫瑰茄美艳的颜色是其魅力所在。玫瑰茄香草茶中加入明胶做成果冻，色泽鲜艳，独具风味，也可用作酸奶的调味。

具有多种用途的安定香草

西洋菩提树（欧洲椴）

在德国柏林作为行道树种植的欧洲椴，又被称为西洋菩提树，自古就被用来制作乐器。6月，树上开满奶油色的花，到处都弥漫着芬芳扑鼻的香气。西洋菩提树的花还可以用来制作蜂蜜，品质上佳。

西洋菩提树的花具有镇静、发汗、利尿等作用，可用于缓解感冒症状；含有的单宁和黏液对喉咙不适和咳嗽有缓解效果。花茶甘甜的香气可以镇定不安与紧张情绪，适用于老人及儿童，易于饮用。

 花 叶

花序梗下部有苞片

德国的旧邮票上描绘的西洋菩提树。

淡淡的香气，叶脉和叶柄较硬，剪碎后再放入壶里。

舒伯特的催眠曲

舒伯特在 1827 年创作的声乐套曲《冬之旅》中有一曲《西洋菩提树》，通过动人的旋律歌颂家乡的西洋菩提树，表达了孤独哀伤的思乡之情。这耳熟能详的旋律经常能在合唱中听到。

镇定不安的情绪

儿童情绪不稳定的时候，补充一杯西洋菩提树花茶，甘甜的芳香可以镇定不安或兴奋的情绪，与橙汁混合更美味可口。

利尿

镇静

镇痉挛

学名： *Tilia europaea*

别名： 西洋菩提树

科属名： 椴树科椴树属

原产地： 欧洲

作用： 发汗、利尿、镇静、镇痉挛、保湿（外用）、感冒、咳嗽、上呼吸道感染

适用症状： 高血压、不安、失眠

副作用： 未知

Data

牛至

学名：*Origanum vulgare*
科属名：唇形科牛至属
原产地：地中海沿岸

牛至和番茄搭配在一起，风味很好，是意大利料理中的常用香料。干燥后的牛至香气更加浓烈，气味类似薄荷。有抗菌、防腐作用，还能改善消化系统和呼吸系统的失调。

番红花

学名：*Crocus sativus*
科属名：鸢尾科番红花属
原产地：地中海沿岸

雌蕊上有水溶性的黄色色素。番红花被普遍用作香料和染料，是制作西班牙海鲜饭的必备香草。有促进血液循环和镇静的功效，可改善痛经和体寒等症状。

北葱

学名：*Allium schoenoprasum*
别名：细香葱　科属名：百合科葱属
原产地：中亚，温带地区

葱家族的一员，有着温和的香气，和蛤蜊一样作为调味料。粉色的花朵可装点料理。有利于增进食欲，改善疲劳。

峨参

学名：*Anthriscus sylvestris*
别名：雪维菜　科属名：伞形科峨参属
原产地：欧洲、西亚

是法国料理中不可缺少的香料。香气甘甜，也可用于点心装饰。可预防消化不良与感冒。

欧芹

学名：*Petroselinum crispum*
科属名：伞形科欧芹属
原产地：地中海沿岸

富含维生素和矿物质等营养成分，还能促进消化、调理肠道、用于美容、预防生活习惯病和贫血。

莳萝

学名：*Anethum graveolens*
科属名：伞形科莳萝属
原产地：西南亚洲、南欧

具有清爽的香味，经常出现在鱼肉料理中，作为去腥的材料和装饰用草，被称为"鱼之香草"。莳萝可帮助消化吸收，促进母乳分泌。种子香味更浓，除用作调味料外，还可用于腌制泡菜。

甘牛至

学名：*Origanum majorana*
别名：马郁兰　科属名：唇形科牛至属
原产地：地中海沿岸

甘牛至在古罗马时代被称为"幸运香草"，比同属的牛至甜味更强，有**镇静作用**，可用于**缓解头痛、改善失眠、促进消化**。甘牛至精油也有一定效用。

旱金莲

学名：*Tropaeolum majus*
别名：金莲花　科属名：旱金莲科旱金莲属
原产地：中南美洲

鲜艳的花朵和叶子可用于装点沙拉，叶子和种子都有类似芥末的辛辣味道，是很好的主味。含有铁和维生素C，可以**改善感冒症状及呼吸系统的失调**。

艳山姜

学名：*Alpinia zerumbet*
科属名：姜科山姜属
原产地：亚洲部分国家

原产于日本冲绳的艳山姜有很强的抗氧化效果，还有抗菌和防腐的作用，叶子可以用来包裹食物。甘甜的香气可以缓和紧张的情绪。

西洋蓍草

学名：*Achillea millefolium*
别名：千叶蓍草　科属名：菊科蓍属
原产地：欧洲

西洋蓍草在古希腊时期就被称为"士兵的伤药"，具有**止血、消炎**等疗伤的功效；略带苦味，可用于**改善食欲不振和消化不良**。

香叶天竺葵

学名：*Pelargonium graveolens*
科属名：牻牛儿苗科天竺葵属
原产地：南非

带有类似玫瑰的甜香，提取的香叶天竺葵精油可用于芳香理疗，能调节激素水平、平衡皮脂的分泌，有助于自律性神经的恢复，气味还可以驱蚊防虫。

香蜂花

学名：*Melissa officinalis*
别名：柠檬香蜂草　科属名：唇形科蜜蜂花属
原产地：南欧

有很高的药用价值，在古希腊时期就已受到重视，有**镇静的作用**，可用于**改善神经性胃炎、食欲不振和失眠**，还能用于料理调味，或是制作成入浴剂。

柠檬马鞭草

学名：*Aloysia triphylla*
科属名：马鞭草科橙香木属
原产地：南美洲

具有柠檬的香气，有促进消化、温和镇定的功效，安神舒压，晚餐后饮用效果佳。也是香皂等的常用原料。

亚麻

学名：*Linum usitatissimum*
科属名：亚麻科亚麻属
原产地：中亚

亚麻的种植历史可追溯至公元前。亚麻籽含有膳食纤维，有助于调理肠道环境；亚麻籽油可预防生活习惯病和提高免疫力。

毛蕊花

学名：*Verbascum thapsus*
科属名：玄参科毛蕊花属
原产地：地中海沿岸、亚洲

全株被密而厚的浅灰色星状毛，花冠黄色，姿态壮美。有止咳和祛痰的作用，可用于改善呼吸系统的失调。

缬草

学名：*Valeriana officinalis*
科属名：败酱科缬草属
原产地：欧洲

早在希波克拉底时代，缬草就已被用来治疗失眠。干燥的缬草根部有强烈的香气，可以缓解肌肉紧张，改善神经性睡眠障碍。

柠檬香桃叶

学名：*Backhousia citriodora*
科属名：桃金娘科柠檬香桃属
原产地：澳大利亚

有柠檬的香气，具有抗菌、除臭等作用，常用于制作肥皂和洗发水。

蔓越橘

学名：*Vaccinium oxycoccus*
别名：蔓越莓　科属名：杜鹃花科越橘属
原产地：欧洲、北美洲

红色果实，味酸，常用于制作果酱，也可制作果汁、酒酿等。富含维生素C，可用于预防膀胱炎、尿道炎、尿道结石、坏血病。

药食同源的功效植物

餐桌上的药食同源

　　药食同源这个说法基于食物的功能性。随着生活水平的提高，人们对食物的要求不再局限于提供饱腹感，这一发展也促进我们对食物的功能性进行再思考。

　　我们的饮食文化中有很多对食材的理解与应用。如：夏季气温高、食欲不振时，以葱、姜等香料调味，既能保持菜肴的新鲜，又能刺激肠胃、增加食欲；冬季多食富含维生素 C、维生素 E 及 β - 胡萝卜素的南瓜等蔬菜。在日本有一个习俗，人们会在冬至日泡柚子浴，他们认为一来可以预防感冒，二来可以祛除霉运。

　　在古代社会，人们在寻找食物的过程中逐步了解了各种食物和药物的性味和功效，之后便发现了"药食同源"这一现象。随着现代营养学的进步，我们不断获取各种健康知识，如：西蓝花中有预防癌症的功效成分，洋葱含有促进血液循环的化学物质等。正是因为餐桌上的蔬菜和香料中含有各种微量营养素，让食物的功能性成为人们关注的话题。

　　要想有效地吸收这些食物中的营养素，需要注意两点：一是尽量食用应季的食物，这个时期的食物营养最充分，所含的有效成分浓度最高；二是尽量食用当地的食物，食物越新鲜，所含的有效成分也就更多。

　　使用应季、当地食材做出的菜品符合营养学的观念，在用餐时搭配姜、蒜等香料，也可以让身体的生理机能不断提高。

生姜

Ginger

根 茎

采摘后放置一段时间，辣味会更强烈

改善体寒
促进血液循环

　　生姜的药用价值自古以来就获得了世界范围内的认可，印度的阿育吠陀医学、印度尼西亚的佳木草药学以及中国传统医学中都有运用。

　　生姜中刺激、辛辣的味道来自成分姜醇、姜酮以及姜烯酚，这些成分可以促进血液循环、提高新陈代谢，从而提高体温及免疫力、改善体寒；此外，生姜还有抗菌、杀菌的作用，可用于预防因吃生冷食物而导致的中毒；在风寒感冒初期喝些姜汤，有发热、祛风、散寒的功效。其芳香成分姜烯酚还有健胃的作用。姜的有效成分极多，彼此间的协同作用也很有价值。

干燥 辛辣成分发生变化

　　新鲜生姜含有的辛辣成分主要是姜酮，加热或干燥后姜烯酚的含量会变高。姜烯酚有促进胃液分泌和血液循环的作用，可以让身体保持温暖。体寒的人使用干生姜效果更好。

　　干燥生姜时，不用削皮，切成薄片放在簸箕里晾晒即可；也可用微波炉加热6~7分钟，但晾晒的风味比较好。

促进消化

益肝胆

消炎

镇痛

生姜粉

　　逆着生姜表面的纹路切断其植物纤维，更能散发出香味和辣味。

生姜叶、嫩姜、根姜

　　春天种姜下种后会逐渐长出很多新的嫩姜，慢慢长大。初夏出售的是柔软的根茎部。长大的嫩姜颜色较淡，芽的部分呈粉红色。秋季采收的老姜耐贮藏和运输，也叫作根姜，用来调味或加工成干姜片品质好。

嫩姜

根姜

香草糖浆的制作方法

英国人一直有饮用香草糖浆以驱除疲劳、重获活力的习惯，这是香草糖浆最早的应用。**香草浸入高糖度的液体（无酒精）后，浓缩制成的浓稠液体称为香草糖浆。**制作不同的香草糖浆可根据使用香草的种类和形状，适当调整糖的种类、浓度，以及香草的浸泡时间。麦芽糖的颜色比较好看，甜菜糖则富含矿物质，风味更丰富。香草糖浆完成后，**加入柠檬汁起到防腐的作用。**

香草糖浆与白开水、气泡水、酒类、牛奶都可以搭配，也可用来制作酸奶、华夫饼、冰激凌、刨冰、果冻等。

搭配喜欢的香草

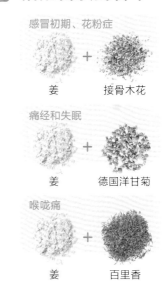

感冒初期、花粉症

姜　＋　接骨木花

痛经和失眠

姜　＋　德国洋甘菊

喉咙痛

姜　＋　百里香

生姜糖浆的制作方法

1. 称取200g 生姜，洗净，带皮切成薄片。锅中倒入400mL水，放入生姜，持续搅拌，小火熬煮15分钟。

* 根据喜好加入香料，豆蔻干籽、肉桂皮、丁香、月桂等比较适宜。

2. 加入200g 砂糖，慢慢搅拌，待砂糖完全溶化后，榨挤1个柠檬，柠檬汁液倒入锅中，关火。

3. 用漏勺或茶漏过滤糖浆。

4. 糖浆冷却后倒入干净的容器，置于冰箱内冷藏保存，2~3周内用完。

* 用干香草制作香草糖浆时，先用小火煮3分钟，再蒸5分钟，过滤后加入砂糖，再用小火煮5分钟，加入柠檬汁，关火。

* 用剩下的生姜可以切碎，加入酱油、木鱼花、芝麻等，作为下饭小菜；也可以混入饭团里。

学名：_Zingiber officinale_　　　　　　　_Data_
科属名：姜科姜属
原产地：中国、印度
作用：促进消化、利胆、止吐、壮阳、消炎、镇痛
适用症状：消化不良、孕吐、晕车、关节炎等炎症
副作用：未知

姜黄

根 茎

使其呈现鲜艳黄色的是姜黄素成分

干姜黄

姜黄粉末

有橙子和姜混合的辛辣香气，有苦味。

保健功效优秀
解酒护肝的佳品

姜黄又叫郁金，与生姜同为亚洲的代表性香草，咖喱中的主料就是姜黄。它的主要功效成分是姜黄素，浓郁的黄色即归功于姜黄素。

姜黄素有利胆强肝的功效，可以强化肝脏的解毒作用、促进胆汁分泌、降低胆固醇、预防酒精性肝炎。姜黄可以说是为肝脏而生的香草。

姜黄还具有抗氧化和消炎的作用，从食材到外用、用途广泛。

粉末 姜黄粉末制作美容面膜

姜黄素有美肤的效果，在晒伤或是皮肤粗糙的时候，可以用姜黄粉末和酸奶混合做成简单的面膜加以修复，姜黄粉也可以用姜黄茶代替。

酒 轻松制作药酒

制作药酒与制作酊剂一样，也是利用酒精溶出有效成分。药酒可以直接用酒类作为溶剂。酒精度高的酒更易溶出成分，推荐白酒、伏特加、金酒、朗姆酒。根据口感可以加糖，如麦芽糖、冰糖、蜂蜜、黑糖，不喜欢甜的也可以不加。

切成薄片的姜黄和糖一起泡入白酒中，浸泡1年左右，即可做成金黄色的姜黄酒。

学名：*Curcuma longa*
别名：郁金
科属名：姜科姜黄属
原产地：热带亚洲
作用：利胆、强肝、消炎
适用症状：消化不良
副作用：未知

Data

杏

种 果

杏仁有着药的气味，确实是一味中药

杏仁（核的内部）

杏干
杏切成两半，去掉核后干燥得到的果干。

青梅中也含有的
苦杏仁苷到底是什么？

苦杏仁苷广泛存在于杏、梅、桃、枇杷等蔷薇科果实的种子中。具有毒性，果实成熟后苦杏仁苷会从果肉里消失。将果实用盐或烧酒腌制成果干或酿成果酒，苦杏仁苷的毒性也会逐渐分解而消失，可放心食用。

Data

> 学名：*Armeniaca vulgaris*
> 科属名：蔷薇科杏属
> 原产地：中国北部
> 作用：祛痰、止咳、滋养强健
> 适用症状：咳嗽、痰多、体寒、疲劳
> 副作用：未知

酒

杏子酒

生杏子与砂糖一起，泡入白酒，浸泡一段时间后成杏子酒。有滋养强健、驱除体寒的功效，适合睡前饮用。

止咳之最——杏仁

杏果肉呈黄色，含有丰富的 β-胡萝卜素，可以在人体内发挥抗氧化作用；含有的苹果酸和鞣花酸等植物性酸有利于驱除疲劳、恢复活力。和新鲜杏子相比，干杏子的营养价值更高，但热量也更高，注意不要过度食用。

杏核内的可食部分叫作杏仁。杏仁中含有的苦杏仁苷有止咳祛痰的功效。杏仁豆腐是一种养生药膳，将泡好的杏仁倒入料理机中加少量清水磨成浆状，滤去料渣，在杏仁汁中加入琼脂，凝固后即得到杏仁豆腐。

另外，杏有很多品种，一些为了食用果肉而改良的品种，果核较小，不适合剥取杏仁。

祛痰

止咳

滋养强健

香菜
（芫荽）

独特的香气让人上瘾

叶子　　　种子粉　　　球状种子

鲜冻状态的香菜叶放入水里能够立刻恢复鲜活的状态，方便储存；种子被称为香菜籽，是制作咖喱粉不可缺少的香料。

健胃消食、祛寒解毒的抗氧化香草

消化促进

祛风

　　民族料理的流行，让我们吃到香菜的机会也越来越多。在香菜类似意大利芹的绿色叶子中含有多种具抗氧化作用的维生素，有着很高的营养价值，还有解毒的作用，因而引起人们的关注。甲虫般的独特香气让香菜有着两极分化的评价，而正是这种香气里含有多种有效成分，主要包括癸醛、芳樟醇和 α－蒎烯。这些在柑橘类中也大量存在的成分，具有健胃祛风、抗菌和镇痉挛的作用。香菜干燥后，癸醛的气味会减轻很多。

多吃点香菜吧

颜值满分的香菜果蔬沙拉

香菜非常适合与柑橘类搭配食用，独特的香气配上橙子、柠檬，口感清爽。

材料（2~3人份）

1棵香菜、2个中等大小的番茄、1根黄瓜、1/4个紫洋葱、1/2个橙子、1/2个柠檬、盐适量、胡椒适量。

做法

1. 香菜洗净，切成1~2cm的碎段；

2. 番茄、黄瓜、紫洋葱、橙子切成宽约1.5cm的方块；

3. 所有材料放入大碗中拌匀，柠檬榨汁加入，再加入盐、胡椒调味，完成。

根部不要丢掉

香菜的根部可以做成民族风味的汤，另外，煎炸成脆脆的也很好吃。

凉拌香菜

可用于鱼类、肉类的调味，也可以直接涂抹在三明治上，还可以加入其他喜欢的调味料进行各种搭配。

材料（易于制作的分量）

1棵香菜、1/2瓣大蒜、2根辣椒、1大勺橄榄油、盐适量、胡椒适量。

做法

1. 香菜洗净，沥干水分后切成1~2cm的碎段；

2. 香菜放入大碗里，加入切碎的大蒜和辣椒，淋上橄榄油；

3. 搅拌均匀，加入盐、胡椒调味，完成。

酒

香菜籽酒

香菜籽的壳较硬，轻轻压碎后再浸泡于酒中，朗姆酒比较适合做香菜籽酒。酿好的酒会散发出橙子般甘甜的香气。可以用来制作莫吉托鸡尾酒和甜点。

Data

学名：*Coriandrum sativum*

别名：香菜

科属名：伞形科芫荽属

原产地：地中海沿岸

作用：促进消化、祛风

适用症状：消化不良、食欲不振、便秘

副作用：未知

辣椒

（果）

鹰爪椒的果实向上生长

辛辣成分——辣椒素到底在何部位？

辣椒的辛辣成分辣椒素是由结出种子的白色果肉部分（胎座）生成，因此辣椒的种子部分是最辣的。还未完全成熟的辣椒比红辣椒、青辣椒更辣。另外，在切辣椒时，辣椒素会从胎座的横切面析出，因此会更辣。

辣椒丝

辣椒圈

辣椒粉

辣椒纵向切成细丝，横切则成辣椒圈，粉末根据碾磨程度颗粒粗细不同。

促进新陈代谢的食物

辣椒有很多品种，形状、辣度都不一样，日本最辣的辣椒是朝天椒和鹰爪椒。

健胃

镇痛

辛辣的成分可以刺激肠胃、促进消化器官的运动，可以用来加工成辛辣健胃药以促进食欲；还有促进血液循环和镇痛的作用，可用在治疗跌打损伤、肌肉疼痛的膏剂中。

辣椒素有很强的刺激性，食用过量会伤害肠胃和皮肤。辣椒果实中的胎座部分含有大量辣椒素，食用时可去掉这个部分以降低辣度。

辣椒酊剂外用

在出现胃疼或肩膀疼痛时，可以借助辣椒酊剂来减轻痛感。使用时将辣椒酊剂用精制水稀释 4~10 倍，再涂抹于患部，或是倒在湿布上外敷。辣椒酊剂的刺激性较强，注意不要涂在脸部周围和其他皮肤薄弱的地方，伤口处也要避免使用。用完后将沾到辣椒酊剂的手和工具清洗干净。用伏特加制作的辣椒酊剂可以内服，但浓度太高会刺激胃部，服用时要注意；也可以稀释后作为园艺用喷雾剂来去除植物病虫害。

品种 日本辣椒品种

全世界有很多辣椒品种，日本的品种也不少，各地都有当地特有的品种，形状和辣度也都不尽相同。

神乐南蛮椒

新潟县长冈市的特色品种，虽然形似甜椒，但有辣度。

清水森辣椒

青森县的特色品种，辣度温和。

岛辣椒

冲绳县的特色品种。

辣椒酱油

新鲜的青辣椒洗净、切碎，浸泡至酱油中。适合用于肉类和鱼类料理。

* 在处理新鲜辣椒时，注意不要用手触摸眼睛及周围的部位。

辣椒红色素

虽与辣椒素名字相似，但它是一种色素成分，辣椒和红甜椒中都含有这种红色天然着色剂。辣椒红色素属类胡萝卜素，具有抗氧化的作用。

学名：*Capsicum annuum*	
科属名：茄科辣椒属	*Data*
原产地：墨西哥	
作用：健胃、镇痛、局部充血	
适用症状：食欲不振，肌肉、神经等疼痛	
副作用：未知	

紫苏

紫苏油

紫苏油由紫苏的种子榨取而得，含有人体必需的脂肪酸，长期食用可改善过敏症状、预防高血压。鱼肉中富含的二十二碳六烯酸（DHA）和二十碳五烯酸（EPA）都属于n-3多不饱和脂肪酸。

叶 花 果

紫苏叶茶香气独特，味道清新

青紫苏叶

干燥的赤紫苏叶

赤紫苏叶

紫苏果实

穗紫苏

穗紫苏是紫苏开花后果实还未成熟的状态，可作为调料使用；花后的果实以盐腌制或用酱油浸泡后可以食用。

抗氧化能力强
含有花青素的紫色叶子

抗菌

止咳

镇痛

　　紫苏在日本料理中的出镜率极高，栽培品种很多，按用途分类的话，大致可分为：青紫苏、赤紫苏、芽紫苏和穗紫苏。紫苏生命力强，散落的种子可以自播繁殖。紫苏的品种和栽培环境不同，香味会有很大差异。

　　紫苏清爽的香气中含有紫苏醛、α-蒎烯、柠檬烯，具有抗菌作用，常作为生鱼片的配菜或调料。

　　紫苏叶入药可作为一味芳香性健胃药发挥作用；另外，紫苏叶还有发汗和止咳的作用，在感冒初期使用有很好的效果。

赤紫苏叶腌制梅子干

腌制梅子干时加入赤紫苏叶，其深色叶子中含有的青花素可与梅子中的植物酸发生反应，使梅子颜色更加鲜红、好看。赤紫苏叶有较强的**防腐**和**抗菌**作用，还有助延长梅子干的保存时间。

用完的赤紫苏叶自然风干后磨碎，还可做成拌饭料，可谓是物尽其用。

糖浆

抗过敏的紫苏汁

利用初夏的赤紫苏，做一杯紫苏果汁吧！

赤紫苏中的**紫苏色素具有很强的抗氧化力**，可以帮助预防生活习惯病；含有的木犀草素有抗过敏和消炎的作用，对过敏性皮炎、花粉症也有缓解效果。

青紫苏虽不含紫苏色素，但富含另一种有强抗氧化作用的β－胡萝卜素。

茶 **手工紫苏茶**

紫苏叶洗净，放在簸箕里置于阴凉通风处晾干，叶片变干脆后即可。注意：晾晒时叶片之间不要重叠；也不要过度干燥，否则叶片颜色会变淡。紫苏茶是一款特别适合在感冒初期、食欲不振及乏力时饮用的香草茶。

学名：*Perilla frutescens*
科属名：唇形科紫苏属
原产地：中国
作用：抗菌、防腐、发汗、解热、止咳、镇痛
适用症状：预防食物中毒、支气管炎、感冒
副作用：未知

Data

59

茴香

叶 花 果

常常点缀在餐后甜点上

茴香籽粉

茴香籽

茴香的种子可以作为香料，也可以磨成粉末使用。

独特的香气成分
缓解胃肠道胀气

茴香早在古罗马时代就已有使用记录，常常与鱼类料理搭配，口感极佳，和莳萝一并称为"鱼之香草"。茴香柔软的叶片形似羽毛，黄色的小花香气浓郁，可用来制作沙拉和泡菜，也可作为香料使用。

茴香中所含的香气成分茴香烯可以促进胃肠蠕动，帮助排出腹内气体；此外，茴香还有止咳祛痰的作用，在感冒初期服用可缓解这些症状。

被禁的苦艾酒

苦艾酒，一种以苦艾、茴香等为主要原料的高度酒，有茴香的独特香气，酒色青绿，一度俘获了巴黎艺术家们的心，梵高、罗特列克等人都曾狂热迷恋苦艾酒。但由于苦艾酒中含有高浓度的精神刺激性成分——侧柏酮，曾导致多人中毒，因此，在20世纪初苦艾酒被禁止在全世界制造与销售。后来，人们对苦艾酒的成分进行了调整，调整后的苦艾酒得到了世界卫生组织（WHO）的许可，才重新开始制造与销售。苦艾酒与方糖一起饮用口感极佳。

糖浆

缓解喉咙疼痛的
茴香糖浆

5g 茴香籽轻轻捣碎，注入100g沸水，煮10分钟，过滤后再加入30g砂糖，再次煮开，待液体变得黏稠即可。

祛风

祛痰

学名：*Foeniculum vulgare*
科属名：伞形科茴香属
原产地：地中海沿岸
作用：祛风、祛痰
适用症状：鼓肠、疝痛、上呼吸道不适
副作用：未知

Data

橘子（柑橘）

果实、果皮都大有用处

橘子的学名叫作柑橘。在柑橘属大家族中，橘子是最常见的。橘子营养价值高，富含维生素C、类黄酮、钾、膳食纤维等，有提高免疫力、美容、防止老化等众多效果。

橘子的果皮及内层筋络中含有橙皮苷，这种成分有强化血管的作用。果皮中还含有柠檬烯、α-蒎烯等多种精油成分，干燥后制成的陈皮是一味中药，有健胃、利尿、止咳、祛痰之功效。

果 皮 花

皮不要丢掉，晾干后还能用

干燥

制作陈皮

将橘子皮置于阴凉通风处晾干，避免阳光直射而导致果皮褪色。在中医里，陈皮越陈越好。

浸泡油

用芳香的花朵制作浸泡油

橘子的花可以制作浸泡油或酊剂，但因为所含水分较多，容易变质，浸泡1~2日为宜。浸泡油可用于护发，酊剂可作为化妆水来使用。

干燥

可以去除油污的陈皮

陈皮中含有柠檬烯，是一种很好的有机溶剂。在植物成分的餐具洗洁精中加入陈皮，能够有效去除油污。

学名：*Citrus reticulata*
科属名：芸香科柑橘属
原产地：中国
作用：促进血液循环、强化毛细血管、止咳、祛痰、发汗、健胃、降血压、抗过敏、抗菌、消炎、镇静
适用症状：疲劳、神经痛、类风湿、体寒、腰痛、跌打、感冒、咳嗽、有痰、食欲不振、麻痹、冻伤、高血压
副作用：未知

Data

促进血液循环 / 止咳 / 祛痰 / 抗过敏

Chrysanthemum

菊花

㊉ 花
营养价值极为丰富

干菊花瓣

干菊花

菊花去蒂撕成花瓣，干燥后可用于料理。成朵的菊花干燥后可用来冲泡菊花茶。干菊花用开水冲泡后花瓣会打开。

富含维生素和矿物质
护眼明目的天然佳品

　　菊花对于日本人来说并不陌生，很早就被拿来入药。日本有很多原生野菊花品种，江户时代流行观菊，后来，优秀的品种被选拔出来进行食用栽培，如青森县的'阿房宫'、山形县的'美得荒唐'等品种。日本很多地区有日常食用菊花的习惯。

　　鲜菊花中含有维生素 B_1、维生素 B_2、钾及膳食纤维等，有消炎的功效。在中医里干菊花也叫作"菊花"，可用于缓解感冒初期的发热和头痛，此外，还可以促进眼部血液循环，抑制充血。

山形县的特色食用菊花
'美得荒唐'

　　筒状的花瓣口感香脆，独具特色。"天皇的家徽的象征""真是太好吃了"……这个独特名字的由来众说纷纭。

菊花醋、菊花酒

　　干菊花先用热水泡发，再浸入醋中。泡过醋的干菊花，颜色和香气都会加深加重，变得浓郁。

　　酒中浸入鲜菊花，待酒有花香味即得到菊花酒。菊花浸泡在酒中时间过长会变色，尽量在其颜色鲜艳时饮用完毕。

镇静

镇痛

学名: *Chrysanthemum morifolium*
科属名: 菊科菊属
原产地: 中国、日本、朝鲜半岛地区
作用: 解热、镇静、镇痛、降血压、消炎、抗菌、抗氧化
适用症状: 发热、咳嗽、头晕、眼睛充血、体寒、失眠、高血压
副作用: 未知

Data

枸杞

在古代被称为长生不老之品

Goji berry

枸杞是一种原产于中国的小型灌木，在日本各地的树丛中也时常可以看到。晚夏时节，枝上会开出淡紫色的小花，秋天则结出鲜艳的红色果实。枸杞具有药用功能，成熟的果实干燥后可入药。果实味甘，类似葡萄干的甜味中略带一丝苦涩，加入甜点或酒类中会更加可口。

枸杞中含有大量甜菜碱，具有滋养强健、消除疲劳和恢复体力的功效；根部也可以使用，在中医里用于降低血糖和血压值。

在一些欧美国家，人们称枸杞为"枸杞莓""狼莓"。

果 叶 根

味道甘甜、稍苦，用温水冲泡饮用

一天吃10粒枸杞吧

"超级食品"是西方对含有特别优秀的营养成分，且与一般的食品相比，营养配比更加平衡突出的一类食品的称呼。中国的枸杞出口到西方后受到了极大的追捧，甚至成了"超级食品"中的一员。把枸杞和喜欢的坚果一起泡在蜂蜜中，每天吃10粒吧。

酒 枸杞酒

枸杞与砂糖一起浸泡在白酒中制成枸杞酒。枸杞酒味甜可口，具有安眠的效果。

Data

学名： *Lycium chinense*
别名： 枸杞莓果、狼莓
原产地： 中国
作用： 滋养（叶）、强健（叶、果实、根皮）、消炎、解热、降血糖、降血压（根皮）
适用症状： 疲劳、动脉硬化、糖尿病、低血压、失眠
副作用： 妊娠期、哺乳期避免食用

滋养强健

消炎

牛蒡

不要剥皮
刮净即可

高纤维食物
抗癌明星之牛蒡

在中国，牛蒡长期以来一直作为药用植物；而日本人从平安时代开始，已将牛蒡作为食材来使用；其他国家也多用于药用。

牛蒡是膳食纤维的宝库，含有水溶性膳食纤维和不溶性膳食纤维。膳食纤维可以促进肠道活动，调理肠道环境，有助体内益生菌的繁殖生长，还可以促进有害物质的排出，降低胆固醇。

牛蒡皮中含有单宁和绿原酸，有很好的抗氧化作用，剥皮或过度水洗会把有效成分洗掉。

中医里的牛蒡子

牛蒡的种子称为牛蒡子，有发汗、利尿的作用，可用在感冒及咽炎的处方药里。

刀拍牛蒡

牛蒡根系发达，稳稳扎根于地下，有安泰的寓意；敲打牛蒡到裂开被认为是开运的好兆头。因此，牛蒡也被当作节日料理，称为"开运牛蒡"。

材料

半根牛蒡（轻轻刮皮，焯水）、1大勺醋、1大勺砂糖、少许白芝麻。

做法

牛蒡敲打至裂开，切成长6cm的小段。碗里放入醋和砂糖，加入牛蒡，混匀后静置30~40分钟，撒上白芝麻即可。

干牛蒡可冲泡成牛蒡茶，但因其质地硬，泡好需要一定时间。

抗菌

抗氧化

Data

学名：*Arctium lappa*
科属名：菊科牛蒡属
原产地：欧洲各国、中国
作用：净化血液、解毒、抗菌
适用症状：肿块、皮肤炎、类风湿、便秘、高血糖
副作用：未知

芝麻

种

磨碎后请尽快食用

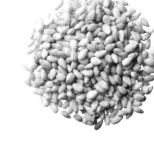
白芝麻
风味柔和

黑芝麻
含有青花素

芝麻碎末
极易氧化，尽早食用

帮助预防生活习惯病
小芝麻，大健康

芝麻作为古老的作物之一，很早就已在世界范围内广泛栽培。其营养价值高，富含蛋白质、维生素及矿物质。

芝麻的成分中几乎一半都是脂肪，大多为亚油酸和油酸，都有助于降低血液中的胆固醇含量，从而预防生活习惯病。

特别值得一提的是芝麻中含有的芝麻素、芝麻林素和芝麻素酚，这些统称为芝麻木质素。芝麻木质素具有很强的抗氧化作用，可以强化肝功能、降低血压、调整激素水平。

芝麻外层被种皮覆盖，磨碎后再食用能获得更高的营养价值。

芝麻油的种类和特征

芝麻油较其他油类而言不容易发生氧化，可用来制作软膏和按摩用油。

生榨

芝麻不经过煎焙而直接榨取，这种方法获取的芝麻油是透明的，浓郁美味，但几乎没有香味。含有大量的木酚素，适合作为美容用油。

煎焙后榨油

我们食用的大部分芝麻油都是煎焙后榨取的，呈褐色，有明显的芝麻香气。

自制风味芝麻酱

把新鲜的罗勒、香菜等香草用料理机打碎，加入芝麻酱中，可以做成简单的风味芝麻酱。

Data

学名：*Sesamum indicum*
别名：胡麻
科属名：胡麻科胡麻属
原产地：非洲，印度
作用：抗氧化、消炎、恢复活力、健胃、镇痛、滋养
适用症状：肠胃不适、神经痛、皮肤过敏、疲劳、跌打损伤
副作用：未知

抗氧化

健胃

消炎

强健
滋养

65

高丽参

Korean ginseng

根

带有一种类似发霉的独特气味

滋养强健
大补元气第一品

自古以来，高丽参就以滋养强健的功效而广为人知。高丽参因其形态似人，被人们认为对人的身体很有效用。日本江户时代第八代将军吉宗不希望日本的高丽参依赖进口，因此制定了奖励栽培的政策，使得高丽参在日本国产化。这种被称为'御种人参'的品种就是由'高丽参'培育而得。

高丽参有促进机体新陈代谢、强健体魄、驱除疲劳、恢复活力等功效，还能提高机体的适应能力。在精力、体力过度消耗，或病弱等气血虚弱时服用高丽参非常有效，但气血不虚者服用可能会出现鼻出血或伴随头痛的精神异常兴奋等症状。

人参属其他品种

五加科的植物中还有一些被称为人参的植物，竹节参、三七（别名田七）、西伯利亚人参、西洋参等，都有强健体魄的作用。

竹节参

酒 高丽参酒

高丽参酒由高丽参泡入白酒制作而成。挑选新鲜高丽参，用牙刷仔细刷干净后，浸泡至白酒中。新鲜高丽参泡制2个月，或干燥高丽参泡制3个月后可以饮用。每日饮用10mL为宜。

Data

学名：*Panax ginseng*
科属名：五加科人参属
原产地：中国东北部、朝鲜半岛北部
作用：增强非特异性防御能力、强健体魄、促进新陈代谢
适用症状：身心疲劳、精力或体力过度消耗、病弱气虚
副作用：服用过量会引起失眠、高血压

滋养
强健

枣

（果）

新鲜枣子只有
2cm 长，属于
小型水果

干红枣有两种制作
方法：①新鲜红枣直接
晒干；②新鲜红枣水煮
后晒干。

好吃又营养
健胃理脾、滋补气血的
食物

　　枣树是原产于中国的小乔木，其果实长 2~3cm，可食用，口感酸甜。日本人喜欢将枣树种在庭院里，孩子们会把枣子当作甜食食用。

　　枣中含有的有效成分皂苷具有很强的抗氧化作用。中国有"日食三枣，长生不老"的说法。在中医里，枣除了用于滋养强健，还有缓和镇静的功效，红枣茶中加入生姜和蜂蜜，可有效改善体寒、缓解失眠症状。韩国的药膳参鸡汤中也会用到干红枣。此外，红枣还可以用来煮粥、煲汤、熬糖水等。

新鲜　生红枣甘露煮

　　这是日本飞驒地区的乡土料理。新鲜红枣用足量的水焯煮，不断去掉浮沫，水开后捞出红枣。将红枣、水、砂糖以 4：2：1 的重量比混合，最后用少许盐调味。

酒　红枣酒

　　将干红枣与砂糖一并浸泡至白酒中。因红枣本身带有甜味，砂糖用量可适当减少。

茶　红枣茶

　　红枣、蜂蜜和砂糖加水慢慢熬煮，也可以加入生姜。

Data

学名：Ziziphus jujuba
别名：大枣、红枣
科属名：鼠李科枣属
原产地：中国西南部
作用：利尿、镇静、缓和、健胃、滋养强健
适用症状：浮肿、咳嗽、失眠、精神不安
副作用：未知

利尿

镇静

滋养强健

锡兰肉桂

Cinnamon

皮

棒状的肉桂卷
也很受欢迎

香气特殊
促消化的神奇香料

肉桂是原产于中国的乔木，江户时代传至日本，经栽培后得到日本肉桂，现在作为食材和药品流通的肉桂大部分是中国肉桂。锡兰肉桂的树皮更厚，香气更为持久。这些近缘种有类似的芳香，只是在成分的含量上多少有些不同，很容易混淆。

肉桂香气浓郁，独特的香气来自精油成分中的肉桂醛和丁香油酚，这类有效成分具有抗菌、镇静、促进血液循环等作用。干燥的肉桂树皮叫作桂皮，有改善食欲不振和消化不良的功效，可作为芳香性的健胃药。日本肉桂的根部还可以作为调味料。

肉桂磨成的粉末。肉桂粉是制作咖喱和苹果派的必备香料。

茶

肉桂香草茶

德国洋甘菊、肉桂用牛奶冲泡，按个人喜好加入少许蜂蜜及香料。在肠胃不适时饮用，效果极佳。

肉桂的家族

能防虫的樟、炖煮时调味的香桂都是肉桂同属的近缘种，这些植物中都含有芳香成分的丁香油酚。

酒

可用于调味的
肉桂酒

直接将卷筒形的桂皮泡入白酒中即可做成肉桂酒。肉桂酒可用来调味，加少量至热饮中，香气会发散，风味也更好；做点心时加入肉桂酒还可以增加香气。

肉桂皮卷

促进
消化

祛风

抗菌

学名：*Cinnamomum verum*
科属名：樟科樟属
原产地：斯里兰卡
作用：促进消化、祛风、抗菌、调节血糖
适用症状：消化不良、肠胃鼓胀
副作用：易导致皮肤、黏膜等产生过敏反应

Data

薏苡

拯救痘痘肌
美容养颜的不二之选

薏苡仁就是美肤的代名词

薏苡是原产于中国的一年生草本，在7~8世纪作为药材传到日本。从江户时代到现在，薏苡一直作为去肉痣的民间药在使用。

将薏苡的种子干燥后除去外壳，得到薏苡仁，薏苡仁可用在内服药和化妆品中，这是因为薏苡里含有的薏苡仁酯成分有抑制痘痘、促进皮肤新陈代谢的功能，对改善皮肤粗糙等肌肤问题很有效。另外薏苡中还含有维生素 B_1、维生素 B_2、矿物质、膳食纤维、脂肪酸等，有一定的滋养强健效果。

薏苡带壳煎煮、冲泡的薏苡茶没有异味，很容易入口，常与其他野草茶混合使用。

薏苡仁的食用方法

薏苡仁颗粒较硬，使用前要进行预处理。

1. 用水清洗干净。

2. 足量水浸泡过夜，气温高的时候须放入冰箱。

3. 倒掉浸泡薏苡仁的水，重新加入新水，中火煮，水沸腾后转小火，直到薏苡仁变软。

4. 薏苡仁煮好后过筛，再用水清洗去掉苦涩味。

* 根据喜好搭配粥、甜点、沙拉等食用。

* 煮好后的薏苡仁分装成小份，冷冻保存更便利。

制作薏苡仁面膜，促进肌肤光滑

做法

1. 1大勺薏苡仁粉放入碗里，慢慢加入精制水搅拌成糊状。

2. 糊状面膜均匀涂到皮肤上，静等10分钟后洗净。

* 制作的糊状面膜须当天用完。

* 面膜大约1周使用1次，使用过程中皮肤不适要立刻停用。

* 直接购买市售的薏苡仁粉末更方便。

* 黏土的吸附力、吸收性以及洗净力都很强，可用作面膜材料。有多个种类，可根据皮肤类型和需求选择黏土种类，和薏苡仁粉混合使用。

利尿

消炎

镇痛

Data	
学名：	*Coix lacryma-jobi*
科属名：	禾本科薏苡属
原产地：	中国
作用：	美容、利尿、消炎、排脓、镇痛、促进新陈代谢
适用症状：	肌肤粗糙、肉痣、浮肿、神经痛、类风湿、过敏、高血压
副作用：	妊娠期间避免使用

中心的芽容易焦，去除较好

干燥的大蒜粉香气
较为柔和，有淡淡甜味。

方便保存的食物①盐渍蒜

消除疲劳
恢复体力的强力香草

 滋养
强健

 抗氧化

 抗菌

　　大蒜是一种有滋养强健功效的食材，气味浓烈、富于刺激，食用大蒜易生欲心，还会增加嗔怒，为避免产生刺激性烦恼，禅宗的僧侣们被禁止食用大蒜及同属的葱、韭菜等。生蒜中含有无臭的蒜氨酸和分解蒜氨酸用的蒜氨酸酶，生蒜被碾碎后，不稳定的蒜氨酸在酶的作用下分解生成具有特殊气味的大蒜素。大蒜有很强的抗氧化作用，还可以促进消化，防止血栓。大蒜素与维生素 B_1 结合产生的蒜硫胺素能帮助消除疲劳、恢复体力。蒜硫胺素更容易被人体吸收，也可以在肌肉内储存，可以产生持续性效果。猪肉、猪肝、大豆、糙米等含有维生素 B_1，建议搭配大蒜一起食用。

　　适量大蒜去皮，放入保存容器，加入1/10大蒜重量的盐，注水没过大蒜，数日后盐会溶解，1个月后盐渍蒜就可以食用了。切碎加入料理或是直接食用均可。放在冰箱里冷藏，大约可以保存半年。

盐糟大蒜

　　大蒜放入盐糟里，让其成分充分溶出，等大蒜变软后，捣碎，再与盐糟搅拌均匀使用。

　　（盐糟：日本的一种调味品。将盐、酒糟和米粉混合，用来糟制食物。）

酒 方便保存的食物 ②大蒜泡盛酒

　　大蒜剥皮，与黑糖一并倒入泡盛酒，做成日式冲绳风味的大蒜泡盛酒。

　　很多人在季节变化时会出现身体不适，日本冲绳地区有喝大蒜泡盛酒的习惯，里面所含的矿物质很丰富。

什么是黑蒜

　　黑蒜是大蒜在高温高湿环境下发酵制成的食品。发酵过程中，大蒜中含有的糖类和氨基化合物发生褐变反应，大蒜颜色变黑，味道变得甜酸可口，独特的刺激气味消失，变得更加柔和。

　　和普通大蒜相比，黑蒜具有更强的抗氧化力和提升免疫力的作用。

Data

学名：*Allium sativum*
科属名：百合科葱属
原产地：中亚
作用：滋养强健、抗氧化、抗菌、降低血液里的胆固醇、抑制血小板凝结
适用症状：身体疲劳、高血压、动脉硬化、上呼吸道感染
副作用：对肠胃有一定的刺激，可能会引起肠道内环境的变化、过敏反应等

红花

Safflower

花种

活血通经的良药

预防体寒
调理女性身体的好物

古时候，人们将红花用于制作口红、食用红色素，或作为染料来使用。鲜艳的黄色花瓣经过日晒后变成红色。夏季花由黄变红时采摘，阴干或晒干的红花可作为药材使用。

红花中的色素成分主要包括显红色的红花红色素、红花苷和显黄色的红花黄色素。红花有促进血液循环的作用，特别对女性常见的血流不畅有效果，可以改善痛经、月经不调、体寒、MPS 等症状，红花黄色素还有防止老化的作用。

有着甜蜜的花香，熬煮时间过长会出现苦味。

酒 红花酒是女性的好伙伴

干燥的红花花瓣与砂糖、白酒一起浸泡，2个月后，取出花瓣便可得到一瓶香气芳醇、略带甜味的红花酒。女性饮用红花酒对体寒和痛经很有好处，也可作为入浴剂使用。

压榨红花籽油

红花种子可以榨油。红花籽油中含有大量的亚油酸，是人体必需脂肪酸，其在体内无法合成，只有从食物里摄取，但过度摄取亚油酸会引发过敏性皮炎和花粉症。因此，现有科学研究认为没必要主动摄取亚油酸。

促进血液循环

Data

学名：*Carthamus tinctorius*
科属名：菊科红花属
原产地：埃及，中亚
作用：促进血液循环、收缩子宫、通经
适用症状：月经不调、体寒、血色不佳、MPS
副作用：妊娠期避免使用

庭院里的功效树木

庭院树木的使用要诀

枇杷、柿子等庭院树木的叶子，以及路边生长的问荆和艾草都可以用来制作香草茶。

采收、干燥、保存香草的方式各有要点。

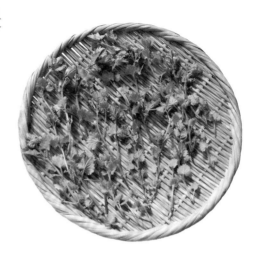

采收的要诀

● 尽量选择晴天的上午进行采收。

● 选择空气湿度较低的时候采收。

● 采收花朵的时候尽量选择初开的，挑选有香味的花时尽量选择香味浓厚的。

● 使用叶子部分泡茶的时候，仅采摘叶子即可；叶子小的植物可以连茎干一起采摘。

● 地上部分都需要的话，先割下来再分成小把。

● 采收根部时，事先看好根的伸展方向，小心挖掘，注意不要使根折断。

● 采收种子的时候，挑选熟透的种子，采摘后马上放入纸袋里。若需要连着茎干一起采收，可将纸袋从顶端套下，在茎干处剪断，然后收紧袋口倒放。

干燥的要诀

● 香草采收之后，去除杂质和虫子，用水清洗干净，放在阴处晾干。

● 将根部附着的泥土抖落，再用水清洗。根太粗的话不容易晾干，可适当切断后再晾晒。

● 将香草放在簸箕或竹篮中干燥时，注意香草之间不要重叠，尽量摊开。避免阳光直射，在通风好的地方阴干。

● 根和枝条等较为坚硬的部位可以放在阳光充足的室外晾晒，短时间内即可晒干。

● 干燥的时候要随时注意天气的变化。

● 茎干干燥到能轻易折断即可，叶子干燥到用手一碰就会破碎的状态就算干燥完成。

保存的要诀

● 注意防潮。香草受潮后味道会变差，还会发霉和生虫。

● 将干燥剂与香草一并放入厚纸袋，封好口；或者将其放入密封容器内保存。

● 保存的香草最好在6个月内用完。

冲泡的要诀

● 开水冲泡即可饮用，或者用小火慢煮，泡出的茶香气更佳。

● 冲泡树皮、根等较硬的部位时，先将它们放在水中浸泡10分钟左右，再加热，沸腾后转小火再煮10分钟。

香橙

果皮 种 叶

香橙皮茶中加入刚摘下的新鲜叶子，喝起来有股清爽的绿叶香气

青橙的香气鲜灵浓郁，微微冲鼻。果汁的味道略重。果皮切碎，可用于汤的调味。

香橙胡椒的制作

青色的香橙皮剥下后切成碎粒，和盐一起用粉碎机打碎，再添加少许香橙果汁，搅拌成糊状。

抗过敏

促进血液循环

健胃

促进血液循环
改善手脚冰冷

香橙作为一种药食两用的水果，在8世纪左右传入日本，并得到广泛栽培。

夏季未成熟的青色香橙，可以用来制作香橙胡椒和香橙酒，秋季成熟后的黄色香橙可以榨取果汁，果肉、果皮和种子也各有用途。香橙中维生素 C 的含量是橘子的3倍，有美容和预防感冒的效果；另外，香橙中还含有鞣花酸，可有效消解疲劳、恢复活力。

香橙果皮中富含精油成分柠檬酸和芳樟醇，除了抗氧化作用外，还有消炎、镇静、促进血液循环、增加免疫力等作用。冬至日用香橙泡澡，可以改善肩痛、腰痛、肌肤粗糙。日本人在迎接新年的时候，还会用香橙强烈的香气来驱除霉运。

香橙酱汁的制作

酱油中加入香橙果汁和味淋，就可以做成简单的香橙酱汁。酱油、果汁、味淋的配比可以根据喜好来定，一般以7：5：3为宜。酱油和味淋混合后加热，放凉后再加入果汁（还可以加入少许昆布汁）就完成了。制作好的香橙酱汁静置2周左右，让味道充分融合会更美味。

干燥 干橙皮的制作

1. 剥下香橙黄色的外皮，去除内层的白瓤，放在簸箕里晾晒。

2. 晾晒数日，香橙皮干燥后，可以直接用于泡茶。

3. 磨成粉末。刚磨好的橙皮粉香气浓郁。

浸泡油

香橙皮中含有精油成分，用生榨的芝麻油浸泡得到香橙皮油，可用于料理。

香橙皮精油加入蜂蜡中，可制作唇膏。

保存

香橙果汁的保存

在收获的季节，大量的香橙可以榨成果汁来保存。

果汁中加入 1 成量的醋，放在冰箱里保存可以更好地保鲜。由于果汁的香气容易挥发，最好在 1 周内饮用完。若需冷冻保存，可将果汁倒入带有密封链的食品保鲜袋中，摊平冷冻，使用时折断取出需要的量就可以。冷冻的果汁可以保存 1 个月。

酊剂 种子做的美容液可以美容养颜

用香橙种子制作的化妆水在日本民间疗法中很受欢迎，常用来调整肌肤状态。将香橙的种子泡入烧酒或伏特加中，放置两周，种子周围会变成啫喱状，再倒入精制水稀释，化妆水就做好了。也可以将香橙种子与别的香草酊剂混合使用。

学名：*Citrus junos*
科属名：芸香科柑橘属
原产地：中国长江上游地区
作用：促进血液循环、强化毛细血管、促进发汗、健胃、降血压、降低血液中的胆固醇、抗过敏、抗菌、消炎
适用症状：疲劳引起的神经痛、体寒、腰痛、跌打、挫伤、感冒、食欲不振、抽搐、冻伤、高血压
副作用：柑橘类精油有光毒性，使用精油的时候需要注意

Data

栀子

Gardenia

果

果实有淡淡的苦味

在超市的调味品柜台也有售卖。

橘色的果实
消炎祛热、清热利尿

　　梅雨时节，栀子花甜美而优雅的花香飘浮在空中，不免让人心情愉悦。庭院、散步道多有种植栀子树，但入药的栀子果多半用的是单瓣花的药用栀子结出的果实。

　　栀子果形似橄榄球，入秋后会转变成橘黄色的成熟果实。果实干燥后做成药材，名为山栀子。山栀子煎煮服用有消炎、止血、利尿的功效。山栀子中含有的苦味成分是京尼平苷，可促进胆汁分泌；黄色色素成分藏花素则有抗氧化作用，常用来制作栗子羊羹和豆沙。

消炎

镇静

缓下

品种

重瓣花

重瓣花品种不结果，不做药用。

栀子花日文名字的故事

　　栀子花的日语读音与"口无"同音，这是因为栀子花的果实成熟后也不裂开。

Data

学名： *Gardenia jasminoides*
科属名： 茜草科栀子属
原产地： 中国、日本
作用： 消炎、止血、解热、镇静、促进胆汁分泌、抑制胃液分泌、调理肠道、缓下
适用症状： 跌打、刀伤、刮伤、肝脏不适、膀胱炎等泌尿系统炎症、腰痛
副作用： 未知

日本辛夷

苦味和辛辣混合的香气

花蕾中含有精油成分
对鼻炎和花粉症有效

在日本，各地的山野里都能看到野生的辛夷花，公园和庭院也可以看到的它们的身影。早春时节，辛夷花便在枝头开出一片雪白，比其他的花木都早。古代人认为，辛夷花开时正是开始准备农田工作之时，所以又给辛夷花取了个别名，叫田打樱。

辛夷花的花蕾可入药。在开花前采摘下辛夷花的花蕾，干燥后就是中医里的辛夷。辛夷中含有精油成分，气芳香，味辛凉而稍苦，常用于治疗鼻炎、花粉症和副鼻窦炎。辛夷还有镇静的作用，对缓解头痛也有效。和辛夷花同属的柳叶木兰的花蕾也常被当作辛夷来使用。

花蕾上覆盖的苞片密生茸毛，有独特浓郁的香气。

品种 辛夷花的家族

辛夷花的花蕾形似拳头，所以日文名和"拳"字同音。日本还有很多同属于木兰科木兰属的植物，多数都具有雄蕊和雌蕊，花心部分呈螺旋状排列。

白玉兰、天女木兰、荷花玉兰等木兰属树木的花蕾在日本民间常入药，用于缓解鼻塞和头痛。

天女木兰　　荷花玉兰

白玉兰

Data

学名：*Magnolia Kobus*
别名：田打樱
科属名：木兰科木兰属
原产地：中国、日本
作用：镇静、镇痛、消炎
适用症状：鼻炎、副鼻窦炎、花粉症、感冒、头痛
副作用：未知

镇静

镇痛

消炎

花椒

果皮 叶

花椒树的茎干上有尖锐的刺，也有嫁接而培育出的无刺花椒品种

粉

粒

日常使用的花椒是花椒果外侧坚硬的果皮，花椒果内的种子须掰开取出。常用的有花椒粒和花椒粉两种。

辛辣的味道
促进肠胃蠕动

　　花椒树原产于中国，传至日本后，经不断培育，成为日本具有代表性的药用树木。它的嫩芽、嫩叶、花、未熟和成熟的果实，几乎都可以入药。花椒闻起来有股清爽的香气，但是味道辛辣，咬到会让舌头发麻。

　　花椒树发芽期幼嫩的芽叶常用于增味、装饰和加香。花椒花和青花椒用于日式佃煮。

　　花椒中含有的辛辣成分对肠胃有刺激作用，能促进肠胃蠕动。除了健胃作用，花椒还有极强的杀菌作用，也有驱虫的效果，中医里常用于健胃和利尿。

健胃

利尿

镇痛

镇痉挛

Data

学名：*Zanthoxylum bungeanum*
科属名：芸香科花椒属
原产地：中国
作用：健胃、利尿、镇痛、镇痉挛、驱虫、抗菌、抗真菌
适用症状：食欲不振、消化不良、胃炎、肠胃失调、胀气
副作用：未知

酊剂 **花椒酊剂**

　　花椒酊剂有促进血液循环和保湿的效果，市面上的生发剂和化妆品里可能会含有此类成分。

柿子

果 叶

橙红色的茶汤口味清爽，有淡淡的酸味

维 C 满满的
经典野草茶

日本人很喜欢吃柿子，在日本，柿子树随处可见。奈良时代，日本人从中国引入柿种后，便开始栽培柿子树，并不断改良。一开始的柿子都是涩柿子，镰仓时代突然变异产生了甜柿子，这之后，柿子品种不断增加。

西方有句俏皮的谚语："柿子脸红了，医生脸绿了。"说的即是柿子营养丰富。柿子中富含维生素 C、β - 胡萝卜素、钙、膳食纤维。

柿子叶中有效成分很多，有预防感冒、美容养颜的维生素 C，还有耐高温的槲皮素和单宁，这些成分具有较强的抗氧化和抗炎作用。

中医里的柿子蒂

中医里称柿子蒂为柿蒂，可入药，煎后服用可以降逆止呃。

柿子的涩味

柿子的涩味来自单宁，柿子中含有大量的单宁。单宁和蛋白质反应后有收敛止泻的作用。柿子干燥后单宁不容易溶出，因而不再有涩味，但其有效成分还是得以保留。

干柿子含有丰富的
矿物质和膳食纤维

干柿子中含有强抗氧化作用的单宁和β - 胡萝卜素，以及改善便秘、有助美容的膳食纤维。但是 100g 干柿子热量高达276kcal，注意不可多吃。

Data

学名：*Diospyros kaki*
科属名：柿科柿属
原产地：中国
作用：抗菌、促进血液循环、抗炎症（叶）；镇痉挛、止咳、止吐（蒂）；滋养强健（果）；收敛、抗炎症（涩柿）
适用症状：高血压、体寒（叶）；降逆止呃、咳嗽、呕吐（蒂）；改善疲劳（果）；皮肤不适、痔疮（涩柿）
副作用：未知

抗菌

促进血液循环

消炎

枇杷

叶 果 种

采收叶子的时候，不要挑选新叶，摘取下部颜色深的老叶

叶子很硬，要剪碎后再泡茶，味道和番茶一样可口。

功效优秀的魔法树木

　　数千年前印度的佛经《大药王树》里就介绍过枇杷，自古人们就知道它的功效。日本从奈良时代开始将枇杷叶用于治疗。当时，种植了枇杷树的寺院里经常会聚集很多病人。

　　枇杷叶中含有具**消炎**作用的萜类化合物，还有能**抗菌、止咳、祛痰**的精油成分。枇杷叶可以用来泡茶或用作入浴剂。江户时代，人们常常把枇杷叶和药材一同熬煮，煮成的枇杷叶汤有很好的**解暑**效果。大正时代以后，枇杷叶用在了温灸方面，有效缓解了神经痛和关节痛的症状，直到现在，枇杷叶温灸依然是极具人气的民间疗法。

健胃

镇痛

消炎

枇杷叶背面生有细细的茶色茸毛，内服时可能会刺激喉咙黏膜，须用刷子刷掉茸毛后再使用。

制作现代版的枇杷叶汤

　　江户时代流行的枇杷叶汤是用枇杷、肉桂、莪术、吴茱萸、木香、甘草、藿香这7味中药制作而成的。现代版的枇杷叶汤将6味中药替换成较为常见的香草:肉桂、姜黄、花椒、蒲公英、甘草、紫苏。这个配方的枇杷叶汤有调节肠胃、保护肝脏的功效。

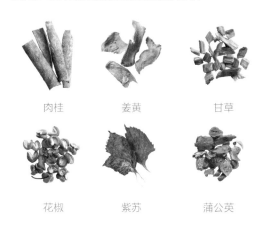

肉桂　　　　姜黄　　　　甘草

花椒　　　　紫苏　　　　蒲公英

枇杷种子里有很多有效成分

　　枇杷种子里含有止咳作用的成分——苦杏仁苷。在用枇杷果实泡酒时,最好把种子也一起放进去。

酒　被称为万能药的枇杷叶酒

　　枇杷叶洗净,刷掉背面的茸毛,切碎成2~3cm的碎片,放入白酒中浸泡3~4个月,酒充分上色后枇杷叶酒就完成了。将酒涂抹在刀伤、烫伤、虫咬、跌打、揉捏的部位,可有效缓解不适感;湿疹、肌肤粗糙时,可用枇杷叶酒作入浴剂;当然,枇杷叶酒也可以饮用。

Data

学名: *Eriobotrya japonica*
科属名: 蔷薇科枇杷属
原产地: 中国
作用: 健胃、镇痛、免疫赋活、抗炎症
适用症状: 神经痛、肠胃不适、食欲不振、湿疹、跌打、中暑
副作用: 含有苦杏仁苷,内服时要注意用量

桂花（木犀）

Sweet-scented osmanthus

花

干燥后的桂花香气也很浓郁。推荐用于糖浆。

品种和种植地不同，花色也有差异

宣告秋季的来临
浓郁的香气安眠解压

桂花树是常绿的小乔木，常作为庭院树木。每到9月，树上就会开出"十"字形的橘黄色小花，周围的空气中都弥漫着浓郁甘甜的水果茶香气。每当人们闻到桂花的香味，便知道秋天要来了。

桂花花朵茂密，但不结果，这是因为桂花树是雌雄异株。日本的桂花树基本都是雄树。

桂花可以用来酿酒、泡茶、酿制桂花蜜、装饰料理等。花中的香气成分芳樟醇、丁香酚、牻牛儿醇具有抗炎症、镇静、放松的作用。香气稍淡的银桂也有同样的效果。

健胃

镇静

Data

学名：*Osmanthus fragrans*
别名：桂花、丹桂
科属名：木犀科木犀属
原产地：中国南部（广东省）
作用：健胃、镇静
适用症状：肠胃不适、失眠、低血压
副作用：未知

酒 安眠的桂花酒

桂花和砂糖一起浸泡到白酒里，做成桂花酒，在休息之前少量饮用，最为合适。桂花甘甜的香气有助于放松、入睡。

剪也剪不断的关系

在冲水厕所普及以前，为了遮掩厕所的异味，人们会在厕所边上种上香气浓郁的桂花树。如今，桂花香型的厕所芳香剂大概就是来自那个时代的传统。

山野中的香草

采摘野草时的注意事项

在山野间散步时采摘野草是乐事，但是不可以肆意采摘，需要遵守一定的规则。

采收场所

平常可以采摘野草的地方有道路边、空地、河流堤坝旁等。在自家庭院以外的田地采摘野草，原则上需要得到主人的许可。城市公园等自然环境受保护的特定场所有明文规定不得损害绿地，私自采摘野草可能会被追责。人流量较大的地方不宜采摘，因为此处的野草可能已被污染。

采摘方法

爱护野草，禁止过度采摘。每次仅采摘需要的量，保留一些植株，避免因人为的过度采摘而使某种野草在当地消失。采摘后须将周围的土和植物恢复原状。另外，不要采摘濒临灭绝的植物品种。

确认野草品种

在野外，很多植物的样子都很类似，一定要认真确认采摘的野草是否正确，必要时使用图鉴来确认。

采摘的时期

野草根据采摘部位的不同，适合的采摘时期也不相同。花初开时，植物最为饱满，这个时间适合整株采摘。若仅采摘花朵的部分，则选择正在绽放中的花朵，有香味的花要在香气浓郁的时候采摘。根部则宜在养分充足的秋冬季节采摘。

注意毒草

很多野草带有毒性，但根据使用方法的不同，有毒成分也可以呈现很强的药效，最好交给操作熟练的专业人士处理。若不慎误食，可能会有生命危险。所以，在采摘野草时最好和熟知野草的人一起行动。另外，采摘的时候还要注意避免被蜜蜂或毒蛇叮咬。

野草的使用方法

一般情况下，野草干燥后直接用热水冲泡成野草茶即可饮用。如果想要充分摄取有效成分，可以使用以下3种方法。

1. 煎煮

干燥后的野草用少量水慢慢熬煮，饮用煎出液，煎出液的味道一般都很苦涩，可以加水稀释后再饮用。

2. 泡酒

野草泡入白酒中，根据喜好加糖，在凉暗处放置3个月左右制成野草酒，每次饮用20～30mL（参考 P52页）。

3. 作为入浴剂

煎出液和野草酒倒入浴缸作为入浴剂，也可以与浴盐混合使用。

木通

Chocolate Vine
Barrenwort

[茎]

几乎没有香气，但有少许苦味

利尿

消炎

缓解浮肿
消除体内炎症

木通是一种野生的藤本植物，秋季枝上会结出淡紫色的果实，因果实成熟后会纵向裂开成中空状，而得名木通。木通的果实有甜味，黏黏的，口感独特。晚秋时节采收的木通粗藤条就是中医里的"木通"。这种药材有利尿的效果，可用来缓解浮肿和泌尿系统的不适。

注意
　　中国还有一种叫作"关木通"的药材，这种药材会对肾脏产生不良反应，使用时需要注意。

Data

学名：*Akebia quinata*
科属名：木通科木通属
原产地：中国、日本
作用：利尿、消炎、通经、抑制胃液分泌
适用症状：胀气、月经不调、紧张引发的胃溃疡、关节痛、神经痛
副作用：关木通有可能会损害肾脏，使用时需要注意

淫羊藿

[茎][叶]

叶片很薄，有淡淡的苦味

滋养强健

树荫下生长的
补肾壮阳之要药

淫羊藿是一种在山野间生长的多年生草本植物。春天，淫羊藿会开出船锚般的可爱小花。薄薄的叶片三分叉，顶端分别再伸出3片叶片，所以淫羊藿又有别名叫三枝九叶草。叶片中含有抗氧化作用的类黄酮和木兰花碱，有滋养强健和补肾阳的功效。由淫羊藿制作的仙灵脾酒是中国古代就有的壮阳酒。

Data

学名：*Epimedium brevicornu*
别名：三枝九叶草
科属名：小檗科淫羊藿属
原产地：中国、日本
作用：滋养强健、补肾阳
适用症状：不孕症、风湿病、运动麻痹、肌肉痉挛
副作用：摄取过量可能会出现头晕呕吐、口渴、流鼻血等副作用

牛膝

根 茎 叶

因茎节处肥大突出，如同牛的膝盖而得名

空地常见的鲜药
可治疗脚、腿、腰痛

牛膝是一种生长在空地、路边、山野等地的多年生草本植物，8—9月长出花穗，开出不起眼的小花，结出果实。果实形似橄榄球，带刺，会沾到动物的毛和人的衣服上。药材牛膝可以治疗月经不调、膀胱炎、膝盖痛和腰痛等。牛膝正确的叫法是：向阳处生长的叫阳牛膝，背阴处生长的叫阴牛膝。

Data

学名：*Achyranthes bidentata*
科属名：苋科牛膝属
原产地：中国、日本
作用：通经、利尿、镇痛
适用症状：月经不调、膀胱炎、腰痛、膝盖痛、虫叮咬
副作用：未知

利尿

镇痛

异株五加

根 茎

无香气，有淡淡苦味

嫩芽是野菜
根皮可以滋补强壮

异株五加是常见的一种沿着墙根种植的小灌木，江户时代中期的米泽藩藩主上杉鹰山曾大力鼓励臣民种植。异株五加枝上有刺，可以起到防范的作用，还可以作为救灾粮食。

异株五加的新芽和新叶略带苦味，有类似野菜的感觉，可用于制作腌菜和天妇罗。干燥的根部被称为五加皮，是一种可以用来改善体寒、失眠和MPS的药材。

Data

学名：*Eleutherococcus sieboldianus*
科属名：五加科五加属
原产地：中国
作用：滋养强健、利尿、去湿、镇痛
适用症状：类风湿、神经痛、浮肿、体寒、失眠、MPS
副作用：高血压患者慎用

滋养强健

利尿

镇痛

车前

花 叶 茎 根 种

路边的车前因为常被踩踏而长不高，栽培品种可以长到30cm左右。

无香无味，容易饮用

有效保护黏膜
防治咽喉不适

　　车前的叶片和茎较硬，受到踩踏也不容易死亡，是一种路边常见的顽强植物。车前的花茎常常被当作儿童游戏的道具。

　　春到秋季，车前小小的花呈穗状开放。花后结出的种子遇水膨大，呈啫喱状，沾在鞋子或车轮下被带着走，从而长满路边。

　　车前中含有的黏液能够保护黏膜，可以用来治疗喉痛和咳嗽。另外，它还有利尿和缓下的作用，对消除浮肿、降低血压、改善肠内环境也很有效果。

利尿

止泻

祛痰

止咳

Data

> 学名：*Plantago asiatica*
> 科属名：车前科车前属
> 原产地：中国、韩国、日本
> 作用：利尿、止泻、祛痰、止咳、消炎
> 适用症状：浮肿、痢疾、咳嗽、有痰、鼻血、肿块
> 副作用：妊娠期慎用

浸泡油

车前软膏

　　将干燥的车前全株浸入油中得到车前浸泡油，再加入蜂蜡，就制成车前软膏了。可用来应对虫子叮咬和轻外伤。

品种

作为归化植物的长叶车前

　　在公园和空地常常可以见到长叶车前，这是一种车前的近缘种，叶子细长，花比车前的花更好看。在欧洲，长叶车前常作为药草来使用。

决明

(种)

炒熟的种子很香，
泡茶十分好喝

健康茶的代表
改善便秘和高血压症状

  决明是豆科一年生的草本植物，有着鲜艳的黄色蝶形花和明亮的圆形绿叶。花后长出的细长种荚里有很多菱形的种子，炒熟后可以食用。种子中含有的大黄素有轻微泻下的作用，对便秘有效。决明子味道清香，可以用来冲泡野草茶。

学名：*Senna tora*
科属名：豆科决明属
原产地：热带美洲
作用：降血压、调理肠道、利尿、缓下
适用症状：高血压、便秘、宿醉、眼部充血、视力下降
副作用：腹泻或低血压时谨慎使用

Data

利尿

缓下

欧活血丹

(花)(叶)(茎)(根)

类似薄荷和
艾草的香气，
清新舒爽

改善小儿疳积的药草

  欧活血丹繁殖力旺盛，若任其肆意生长，可以长满整个墙角。古时候，人们就已有煎煮欧活血丹饮用的习惯，用来改善幼儿的疳积，增强体质。

  春季，欧活血丹绽放出唇形科植物特有的魅力紫色小花，这时候的叶子和茎干也是最充实的，适合采收。干燥后的欧活血丹可入药，药材名为连钱草，可用来治疗肾脏病和糖尿病。

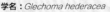

学名：*Glechoma hederacea*
科属名：唇形科活血丹属
原产地：欧洲、东亚
作用：促进胆汁分泌、利尿、降血糖、消炎
适用症状：尿路感染、尿路结石、糖尿病、发热、小儿疳积、湿疹等皮肤炎症
副作用：未知

Data

利尿

消炎

半夏

Croardiper/
Snake gourdchamomile

独特的佛焰苞很
容易被发现

止咳

祛痰

形态独特的小花
优秀的止吐药材

半夏有着独特的、如绿叶形状的花朵，叶片基部会长出小珠芽，小珠芽落在地里便能长成植株。半夏拥有极为强大的繁殖力，以至于即使不断地采收，它也不会绝种。在以前，半夏的球茎和珠芽还可以用来出售，赚取零花钱。将半夏的球茎挖出，去皮晒干，是一味很好的药材，可以止咳、止吐、祛痰。

* 珠芽不是种子，是可以繁殖的植物幼芽。

Data
学名：*Pinellia ternata*
科属名：天南星科半夏属
原产地：中国、韩国、日本
作用：止吐、促进唾液分泌、止咳、祛痰、镇静、消炎、抗过敏
适用症状：呕吐、孕吐、健胃
副作用：未加工的新鲜球茎可能会引起舌头和喉咙的剧烈疼痛

栝楼

根 种

肥大的根部极具
利用价值

利尿

止泻

栝楼的根部
是天花粉的原料

栝楼是一种攀缘藤本植物，常常攀缘在山林中的树木上。秋季，栝楼会结出黄色的果实，与王瓜的红色果实相比不算显眼。栝楼的根部大部分是淀粉，干燥后可以做成清热泻火的天花粉。根部煎煮后的汁液有解热、利尿、催乳的作用。

Data
学名：*Trichosanthes kirilowii*
科属名：葫芦科栝楼属
原产地：中国、韩国、日本
作用：解热、利尿、催乳、止泻（根）；消炎、止咳、祛痰（种子）
适用症状：虚证口渴、发热、浮肿、腹泻（根）；呼吸道疾病、干燥性咳嗽（种子）
副作用：未知

葛

根 花

没有异味，吃起来有淡淡甜味

解宿醉的葛根花

感冒初起
喝一碗葛根汤吧

生长在河堤斜面和树林里的葛有着粗壮的藤条，是"秋之七草"之一。自古以来，葛不仅作为食物，还可入药、用于纺织（葛布），是一种常常出现在诗歌和绘画里的文化素材。

葛根中含有多种异黄酮，可以发挥类似雌激素的作用，对骨质疏松、乳腺癌有抑制效果。此外，葛根还有降血糖、镇痛、镇痉挛、解热等作用。中医里常把葛根列入感冒药的处方中。

秋季的葛根挖出去皮，捣碎成葛粉，加入水和砂糖，以小火慢煮，特别适合在感冒初期服用。

真葛粉？还是？

真葛粉的成分仅有葛根，但因葛根产量小、价格高，一般市面流通的葛粉中都混合了马铃薯淀粉、红薯淀粉或玉米淀粉。纯正的葛粉有少许苦味。

葛根香草茶

将葛粉、砂糖和喜爱的香草茶用小火慢煮，边煮边搅拌，黏稠后关火，即可饮用。如果是治疗感冒，推荐选择接骨木花和德国洋甘菊，再加入砂糖或蜂蜜增加甜味。

学名：*Pueraria montana*

科属名：豆科葛属

原产地：中国、日本

作用：促进血液循环、发汗、解热、解毒、镇痛

适用症状：感冒、肩痛、腹泻、头痛、MPS

副作用：未知

Data

促进血液循环

镇痛

叶

烘烤过

原状

果实

没有烘烤过的桑叶有绿茶般的风味，烘烤后则像番茶

作为野草茶出售的桑叶颜色鲜绿，香草店里出售的则是烘烤过的桑叶。桑树的果实长约1.5cm。

预防生活习惯病
帮助改善糖尿病和肥胖

　　桑叶可以养蚕，蚕丝可以织出美丽的丝绸。桑树是一种在各地山野可见的乔木。夏季，桑树上会结出酸甜的果实，在山间徒步时，可以摘下来吃。

　　桑叶中含有脱氧野尻霉素，可以抑制人体内糖分的转化，从而抑制血糖上升。餐前或餐中饮用桑叶茶，还有利于减肥。被抑制吸收的养分在大肠内成为肠内细菌的食物，可以改善肠内环境，预防生活习惯病。

Data

学名：*Morus alba*
科属名：桑科桑属
原产地：中国，朝鲜半岛
作用：调整血糖
适用症状：预防糖尿病、肥胖等生活习惯病
副作用：偶尔会出现腹胀

粉末 DIY 桑叶粉面膜

　　桑叶中含有美白成分桑黄酮，有很好的美容养颜效果，可以与酸奶一起做成面膜。桑叶打磨成粉，加入等量酸奶，搅拌均匀后涂抹到脸上，10分钟后清洗干净。事先控干酸奶的水分，如果面膜过稀的话可加些小麦粉调整。

桑叶粉

中日老鹳草

治疗腹泻的古代民间草药

中日老鹳草是一种多年生野草，开放着像梅花一样的可爱小花。中日老鹳草因煎水服用后可以立刻停止腹泻，所以还有个日文名叫"速见效"。

中日老鹳草中含有单宁和山柰酚成分。单宁具有收敛作用，可以止泻；山柰酚可以调理肠胃，对腹泻和便秘都有效。

中日老鹳草的花有白色和紫红色两种，东日本多白花，西日本多紫红花。

茎 叶

味道苦涩，能调理肠胃

夏季花期时多采收些，干燥后常备。

采收时要确认花的品种

中日老鹳草的叶子和剧毒的乌头叶子很类似，一定要在花期（7—8月）进行采收，确认花朵无误后再采收。

紫红花

形态相似的美国老鹳草

美国老鹳草是原产于北美的归化植物，在路边和空地经常可以看到，和中日老鹳草相比，叶子的裂痕细而深。

白花

学名：*Geranium thunbergii*
科属名：牻牛儿苗科老鹳草属
原产地：中国、日本，朝鲜半岛
作用：调理肠胃、消炎、抗菌、收敛
适用症状：腹泻、便秘、湿疹、扁桃体炎、接触性皮炎、刀伤消毒
副作用：未知

Data

消炎

抗菌

收敛

问荆

叶 茎

带有草香的茶，容易饮用

含有硅元素
帮助骨骼发育

问荆手感柔软，在田边和空地各处可见。问荆繁殖力旺盛，侵入农田不易清除，有时被当作杂草看待。

问荆中含有硅和钾的化合物。钾质有利尿作用，可以改善浮肿和高血压。硅除了和骨骼、软骨发育有关外，还可以强化胶原蛋白和弹性蛋白等的合成，因此能使指甲和头发更健康，对骨质疏松症也有效果。很少有植物含有硅元素。

问荆茶没有异味，容易饮用，但由于利尿作用较强，有肾脏疾病的人要避免饮用。

问荆的孢子茎和营养茎

问荆的孢子茎枯萎后长出的地上茎干部分是营养茎。问荆的绿色叶子和营养茎是进行光合作用的部位。孢子茎则是繁殖部位，孢子飞散后能育枝就自然枯萎。

利尿

收敛

消炎

Data

学名：*Equisetum arvense*
科属名：木贼科木贼属
原产地：西地中海沿岸
作用：利尿、补充硅元素、收敛、消炎
适用症状：泌尿系统感染、外伤后的浮肿、持续性浮肿、难愈合的外伤
副作用：心脏和肾脏功能不全的人禁用

原株

粉末

原株是针状，碾磨成粉末方便使用。

粉末和酊剂

问荆没有异味，能够很好地和其他食材搭配，用问荆粉末代替拌饭料撒到米饭上，或是加入酸奶冰激凌里，都是不错的选择。问荆酊剂也可以加入其他饮品里饮用，或是与植物油混合，用来按摩手部、护理指甲。

日本獐牙菜

苦味极强
有利于胃部健康

　　獐牙菜、鱼腥草和中日老鹳草都被当作日本的民间药材广泛使用，可爱的星形小白花有着想象不出的苦味，在水里清洗千遍也去不掉。苦味有利于胃液的分泌，对消化不良和食欲不振有疗效，獐牙菜的药材名字叫作当药，就是"当然是药"的意思。近年来獐牙菜的提取物被用于生发剂，一度成为热门话题。

花 叶 茎 根

獐牙菜茶很苦，是惩罚游戏里的经典茶

学名：*Swertia japonica*
科属名：龙胆科獐牙菜属
原产地：日本
作用：健胃、调理肠胃、扩张毛细血管、免疫赋活、促进生发、降血糖
适用症状：胃弱、食欲不振、消化不良、腹泻、掉发、发少、色斑
副作用：未知

Data

健胃

鸭跖草

美丽的蓝色花瓣可代替染料

　　鸭跖草鲜艳的蓝色花在清晨带着露珠开放，至中午就会凋谢，这种易逝的样子，让人想起了朝露，因而得名露草。露草虽然在梅雨季节开放，却不是梅雨草的意思（日语中"梅雨"和"露"同音）。露草花蓝色的汁液在很早前就用来染布。孩子们也常常将露草花瓣浸在水里调成有颜色的水来玩。花开的时候采收露草的地上部分，干燥后可作为药材，有解热、治疗腹泻、喉痛、湿疹的功效。

花 叶 茎 根

6枚花瓣，2枚大的蓝色花瓣和4枚小的白色花瓣

学名：*Commelina communis*
科属名：鸭跖草科鸭跖草属
原产地：日本
作用：解热、止泻、消炎
适用症状：感冒、发热、腹泻、湿疹、接触性皮炎、喉痛、扁桃体炎
副作用：未知

Data

止泻

消炎

蒲公英

根

苦涩中带有淡淡的甜味

肠胃和肝脏不适的时候
饮用一杯蒲公英茶吧

在寒意犹存的早春，蒲公英早早便开了花。日本常见的蒲公英品种有日本蒲公英和西洋蒲公英两种。

蒲公英的根部可以用来泡茶。茶略带苦味，可以代替咖啡，由于不含咖啡因，在妊娠中或哺乳期的妇女都可以饮用。苦味可以刺激肠胃，有健胃的作用，还能促进胆汁分泌、强化肝功能。蒲公英根部含有菊粉，有缓下的作用，对由消化不良引起的便秘有温和的改善效果。

蒲公英的叶子中含有钾和胡萝卜素，在欧美常常作为沙拉菜来生食。食用的蒲公英叶子要在无污染的地方采收。

蒲公英咖啡中加入牛奶做成拿铁咖啡，味道也很不错。

制作蒲公英咖啡

蒲公英茶和蒲公英咖啡的差别不大，硬要说的话就是烘烤的程度不同。

制作蒲公英咖啡，将蒲公英根部洗净、切碎，自然风干或低温烤干，干燥后用煎锅煎炒，再磨成粉，用滤纸过滤冲泡。

Data

学名：*Taraxacum officinale*
科属名：菊科蒲公英属
原产地：北半球的温暖地区
作用：强肝利胆、缓下、利尿、净化血液、催乳
适用症状：肝胆不调、便秘、消化不良、类风湿
副作用：（苦味物质引起）胃酸过多，此外，胆道闭合、胆囊炎、肠闭塞患者应避免食用

南天竹

果实多为
红色，也
有白色的
果实，都
可以入药

有抗菌作用
可以赶走厄运的植物

　　南天竹寓意着吉祥和好运，一直被认为是能够带来好运的植物。自古以来，人们常常将南天竹种在门前或玄关前，用来抵挡厄运。南天竹有消炎抗菌的作用，果实制作的润喉糖可以止咳，干燥的叶子煎煮后，可用来缓解扁桃体炎、湿疹、接触性皮炎。南天竹的叶子还能用来装饰食材，例如红米饭；茎干还能加工成筷子。

消炎

抗菌

止咳

Data

学名：*Nandina domestica*
科属名：小檗科南天竹属
原产地：中国、日本
作用：消炎、止咳（果实）；抗菌（叶子）
适用症状：咳嗽、支气管哮喘、百日咳（果实）；扁桃体炎、湿疹、接触性皮炎（叶子）
副作用：摄取过量有可能会引起神经麻痹

萱草

有着清新
的花香和
甜味

解酒除热的萱草花

　　生长在山野中和河堤边上的萱草有着鲜艳的花朵，花朵是单瓣花，一天就会凋谢，也叫作"一日百合"。在树丛里还有一种重瓣花的重瓣萱草。萱草开花前的花蕾可以食用，采摘下来在开水里烫几分钟再晾干即是中餐里常见的金针菜。萱草的花蕾中含有维生素和矿物质，营养成分高，有解热的作用，适合在发烧或体力消耗过多时食用。

新鲜花蕾

干燥花蕾
（金针菜）

Data

学名：*Hemerocallis fulva*
科属名：百合科萱草属
原产地：中国、日本
作用：解热、调节睡眠
适用症状：发热、膀胱炎、失眠
副作用：未知

鱼腥草
（蕺菜）

茎 叶 花

柑橘系的清爽香气，泡茶喝味道不错

花开的时候采收全株。新鲜的鱼腥草腥臭味很明显，但干燥后会带有淡淡的花香。

品种 **越南品种和重瓣品种**

越南的鱼腥草香气清淡，更适合生食，下面是多重花苞的重瓣品种。

天然的抗生素
抗菌消炎有奇效

鱼腥草原产于东亚和东南亚地区，常在日照较弱的地方群生。鱼腥草生命力极强，繁殖迅速，茎叶有着独特的腥味，有人会因此而讨厌它。

鱼腥草中的腥臭成分是癸酰乙醛，它有着强效的抗菌性，有助体内老废物质和有害物质的排出，对于痘痘、湿疹、肿块等肌肤问题和便秘、浮肿都有效果。另外，鱼腥草中还含有促进血管健康、抑制血压上升的类黄酮，可以预防高血压和动脉硬化。

抗菌

利尿

缓下

基本 野草茶的制作方法

1. 采收后立刻清洗，去掉污渍。

2. 擦干水，摊开在簸箕里，放在通风良好的地方干燥。茎、叶等柔软的地上部分及花和花蕾等味道强的部分阴干，粗根部分可以放在阳光直射的地方晾晒。

3. 干燥至茎可以轻易折断、叶子变得干脆。

4. 和干燥剂一起放入纸袋，纸袋放到空罐子里保存。

* 干燥的鱼腥草可以直接冲泡饮用，饮用前煎炒一下风味会更好。

生 有抗菌作用的鲜叶

当出现汗疹、尿布疹、脓肿块等症状时，可将抗菌作用强的鱼腥草鲜叶捣碎，涂抹在患部，叶子榨出的汁水也可以冷冻保存。

别名"折耳根"的由来

鱼腥草的学名叫蕺菜，民间又称"蕺儿根"。西南地区的方言里，"蕺儿根"同音"折耳根"，加上"蕺"字难写，久而久之，就成了"折耳根"了。

酊剂 花朵做成酊剂，有美容效果

鱼腥草看起来像花瓣的白色部分实际是叶子变化成的苞片，真正的花在中心部分。小花呈穗状聚集。花朵中有效成分的含量在开花前后较高，可以做成酊剂来使用。做好后用精制水稀释 10 倍后做成化妆水，也可以用原液治疗虫咬和肿块，还可以做成软膏，当然也可以内服。

学名：*Houttuynia cordata*　　　　*Data*
别名：鱼腥草、折耳根
科属名：三白草科蕺菜属
原产地：东亚、东南亚
作用：抗菌、利尿、缓下、解毒
适用症状：便秘、浮肿、痘痘、高血压、动脉硬化、肿块、刮伤、汗疹等皮肤病、慢性鼻炎
副作用：未知

野蔷薇

（果）

果实在秋季
变色前采收

利尿

成熟前的果实
帮助改善便秘和浮肿

原产于日本的野生蔷薇习性非常强健，常被用作园艺品种嫁接苗的砧木。

野蔷薇开花时，5片2cm大小的花瓣聚集成球，吸引很多采蜜的昆虫。秋季枝头结出大量鲜红色的果子，果子里种子很多，几乎没有果肉。在果子半青半红未成熟时将其采摘、晾干，可入药，名为营实。营实对便秘和浮肿有改善效果，也可以外用于痘痘和肿块。

Data

学名：	*Rosa multiflora*
科属名：	蔷薇科蔷薇属
原产地：	中国、日本，朝鲜半岛
作用：	腹泻、利尿
适用症状：	便秘、浮肿、痘痘和肿块等皮肤疾病
副作用：	注意过量摄取会引起运动障碍和呼吸麻痹

繁缕

叶 茎 花 根

有淡淡的甜味
和泥土的香味

收敛

消炎

抗菌

"春之七草"之一
有助牙齿健康的繁缕

繁缕是一种野草，各地随处可见，很受小鸟的喜欢。繁缕柔软、没有异味的叶子可以用来做沙拉和腌菜。花很小，细小的花瓣像焰火一样展开，有着规整的美感。将繁缕全株采收，干燥后磨成粉末，与盐混合做成繁缕盐。古时候，人们常常用它来代替牙膏，有预防牙龈出血和牙周炎功效。

Data

学名：	*Stellaria media*
科属名：	石竹科繁缕属
原产地：	中国、不丹、印度、新西兰
作用：	止血、收敛、消炎、抗菌
适用症状：	牙龈出血、刀伤、齿槽脓漏、湿疹、体寒
副作用：	未知

镇痉挛

镇痛

健胃

收敛

厚朴

皮

花很香，树
皮带苦味

抗菌又坚硬
包裹食物的好选择

　　厚朴是山林里常见的落叶乔木，株高30m，木质很坚硬，是用来做木屐的好材料。厚朴的树皮是一种药材，也叫作厚朴，是常被列于处方的药材，有苦味和淡淡的香气。厚朴杀菌能力强，可用来调理肠胃，有缓解胃炎、腹痛和胃饱胀的作用。厚朴大而坚硬的叶子可以用来包裹食材。朴叶味噌和朴叶寿司都是日本的乡土料理。

> 学名：*Houpoea officinalis*
> 科属名：木兰科木兰属
> 原产地：中国、日本
> 作用：镇痉挛、镇痛、健胃、收敛、祛痰、利尿
> 适用症状：咳嗽、有痰、胃炎、浮肿
> 副作用：未知

Data

柴胡

根

有强烈的
香气，也
有苦味

清热解毒
抗菌消炎的良药

　　静冈县三岛市是日本有名的药材集散地，有众多的优质药材，尤其是柴胡。江户时代，前往三岛市旅游的人一定会购买那里的柴胡，甚至管当地的柴胡叫三岛柴胡。曾经，关东以西的地区有野生的柴胡生长，现在已经很少见到了，市面上流通的基本都是栽培产品。柴胡的根部含有皂苷等成分，有解热、解毒、镇痛的作用。很多中医处方里会出现柴胡，用于抗炎症和改善肝脏功能。

镇痛

消炎

柴胡叶子可
以作为茶叶出售。

> 学名：*Bupleurum*
> 科属名：伞形科柴胡属
> 原产地：中国、韩国、日本
> 作用：解热、解毒、镇痛、消炎
> 适用症状：胸肋部压痛、慢性肝炎、代谢障碍
> 副作用：间质性肺炎的人要慎用

Data

天香百合／卷丹

天香百合

卷丹

软糯的口感，有淡淡的苦味

润燥止咳，百合最佳

止咳

镇静

滋养强健

　　山间行走时，偶尔会见到野生的百合，每当遇见，都会忍不住惊叹，这神奇的大自然，竟能创造出这样华丽的姿态。

　　日本特有的天香百合花朵大，花瓣有中心放射状金黄色脉纹，并密布有橙红色斑点。卷丹属鹿子百合系统，可食用，亦可作药用。卷丹不仅有白色花朵，还有橘色、桃色等其他颜色的花。秋季挖出的百合鳞茎，很早就被用来止咳、解热、镇静、滋养强健。百合鳞茎中含有很多矿物质、糖质，热量很高。

　　百合的名字有"和合"的寓意，是有着好彩头的植物。百合根也常常出现在节日的菜肴里。

百合鳞茎

含有钾、镁、磷和铁等矿质元素，小心地将鳞片一片一片剥下来使用。

品种

日本有很多原生种

高知县土佐山的瀑布百合
（鹿子百合系统）

学名：*Lilium auratum / Lilium tigrinum*　*Data*

科属名：百合科百合属

原产地：中国、日本

作用：止咳、镇静、滋养强健

适用症状：咳嗽、失眠、精神不安

副作用：偶尔会引起食欲不振、腹泻或呕吐

艾草

（叶）

有着浓郁的
青草香气

日常生活中的万能药草

　　艾草自然生长于山野之中，全国各地均有生长。很早以前，关于艾草的应用就已出现在人们生活的方方面面。

　　艾草是多年生草本植物，春季的新叶香气浓郁，可以做艾草饼和艾草团子；夏季之前采收的叶子干燥后可以煎煮饮用，还可以用作艾草浴；艾根可以泡酒；艾叶还能加工成艾绒。

　　艾草中富含叶绿素、膳食纤维、维生素和矿物质，还有桉油精、蒎烯等多种有效成分。饮用艾草茶可以健胃，改善贫血、体寒等症状，对于腰痛、肩痛、痔疮、皮肤粗糙等问题，可以尝试泡个艾草浴。

酊剂

艾草酊剂的使用方法

　　艾草酊剂有**防虫抗菌**的效果，可以做成驱虫喷雾，也可以与同样有防虫效果的柠檬香茅混合使用。

品种

艾草的种类

　　加工艾绒通常用的是大型的艾叶品种。冲绳地区的艾叶品种苦味更强。

学名：*Artemisia argyi*
科属名：菊科蒿属
原产地：中国
作用：收敛、止血、镇痛、抗菌、促进血液循环
适用症状：月经过多或不调引起的女性问题、外伤和鼻出血、痛经、头痛、腹痛、体寒、感冒、痘痘、湿疹、脚气
副作用：大量使用会产生毒性，可能引起痉挛。妊娠中、盲肠炎、急性肠炎的时候禁用

Data

干草

粉末

　　把干燥蓬松的艾叶磨成粉，仔细去除绵毛，得到干爽的粉末。

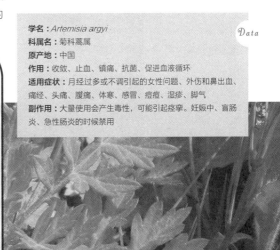

收敛

镇痛

抗菌

促进血液循环

马齿苋

 学名：*Portulaca oleracea*
科属名：马齿苋科马齿苋属

一年生草本，全株无毛，路边和田间常见。叶片扁平、肥厚，可生食，味酸。有利尿、改善浮肿、治疗虫类叮咬的功效。干燥的植株可以像山野菜一样保存。

荠菜

 学名：*Capsella bursa-pastoris*
科属名：十字花科荠属

荠菜是"春之七草"之一，其果实连着果柄的形态，类似日本的三弦琴，因此又有三弦琴草的别名。荠菜可食用，用水煎煮服用有利尿、去浮肿、解热的功效。

大叶钓樟

 学名：*Lindera umbellata*
科属名：樟科山胡椒属

关东以西地区山野中自生的低矮落叶灌木，枝条可用作牙签，全株含有精油成分，香气浓郁，根皮可用来治疗肠胃炎、咳嗽及痰多。

山白竹

 学名：*Sasa veitchii*
科属名：禾本科赤竹属

庭院和公园里常见的小型竹子，冬季叶边缘变白，像花边一样。具有杀菌防腐的作用，可泡茶，也可用来制作青汁。

红车轴草

 学名：*Trifolium pratense*
科属名：豆科车轴草属

红车轴草是短期多年生草本，茎粗壮，多呈直立状，植株显眼。与其类似的白车轴草则是侧根和须根发达，茎匍匐蔓生。红车轴草有止咳、祛痰、改善便秘的功效。

龙芽草

 学名：
Agrimonia pilosa
科属名：
蔷薇科龙芽草属

龙芽草黄色的小花布满细长的花穗，种子会沾到过路人的衣服上，进而四处传播。龙芽草可以用于止泻。

龙胆

学名：
Gentiana scabra
科属名：
龙胆科龙胆属

龙胆是秋季的代表性花材，美丽的蓝色花朵极具人气，是常见的鲜切花花材。中药材龙胆取自龙胆的根部，常作为苦味健胃药使用，可改善食欲不振、消化不良、胃酸过多等症状。

天胡荽

学名：
Hydrocotyle sibthorpioides
科属名：
伞形科天胡荽属

天胡荽带有光泽感的叶子沿着地面蔓延生长。将叶子揉碎，搓出来的汁液可以用来止血。

夏枯草

学名：
Prunella vulgaris
科属名：
唇形科夏枯草属

夏枯草淡紫色的小花聚集成花穗，类似箭筒。有利尿和消炎的作用。

柔毛打碗花

学名：*Calystegia pubescens*
别名：昼颜
科属名：旋花科打碗花属

柔毛打碗花生长极其迅速，几乎铺地生长，除了种子，根系也可繁殖。花期把地下茎挖出、干燥，煎煮后饮用可以改善疲劳、浮肿，也可作为缓解神经痛的入浴剂。

蓟

学名：*Cirsium japonicum*
科属名：菊科蓟属

蓟是道路边常见的大型多年生植物，茎和叶子上有尖锐的刺，花谢后绵毛飞散。根部有利尿、止血、减轻浮肿及神经痛的作用。

拟鼠麴草

学名：*Pseudognaphalium affine*
别名：鼠曲草
科属名：菊科鼠麴草属

叶子和茎秆上密布白毛，姿态柔美。古时候人们用它代替艾草做艾草饼。有止咳、祛痰、利尿的作用，是"春之七草"之一。

用语解说

常用名词和用于香草的基剂（材料）说明。

酒精

可以提取水溶性和脂溶性两种成分，具有消毒和防腐作用，可以用来制作酊剂和化妆水。根据浓度，可以分为消毒用酒精（浓度 76.8% ~ 81.2%）、酒精（浓度 95.0% ~ 95.5%）、无水酒精（浓度 99.5% 以上）。

缓和

调节自律神经，缓解肌肉紧张，使机体恢复到平缓状态。

机能亢进

神经和器官因受到刺激，从迟钝状态立刻活性化。

驱避

防止害虫靠近，避免被叮咬。

甘油

有保湿的作用，可以溶于水和酒精，常用在化妆水中。

黏土

以硅元素等矿物质为主要成分的陶土。具有吸收、吸附、洗净、收敛的作用，可用来制作面膜。

结缔组织

在体内广泛分布，位于器官之间、组织之间以及细胞之间，起连接、支持、营养、防御、保护和创伤修复等作用。如肌腱、韧带、真皮、皮下组织等。

调节血糖

把血糖值控制在正常范围内。

抗真菌

可以抑制白藓菌、白色念珠菌等真菌的繁殖。

催乳

促进母乳分泌。

净化血液

自然疗法特有的用语。

植物油

压榨植物种子而得到的油脂，可

以渗透皮肤，可用于护发、制作浸泡油。常见的有澳洲坚果油、荷荷巴油、甜杏仁油、芝麻油。

精制水

不含杂质的水，用于制作化妆水。

造血

促进红细胞的生成。

修复创伤

促进由外伤造成的组织损伤的修复。

通经

促进月经通畅，调整月经周期。

过敏原测试

诊断过敏性接触皮炎，把致敏物质放到皮肤上，测试是否会发生炎症。

PMS 经前期综合征

月经前约两周开始发生的心理和身体的变化。有肩痛、腰痛、长痘痘、焦躁、消沉、注意力不集中等多种不适症状，与体内雌激素有关，具体原因不明。

蜂蜡

由蜂巢里采集的蜡制作而成，能使皮肤保持弹性和柔软，还有抗菌的作用，常用于制作软膏和乳霜。熔点 60~67℃。

免疫赋活

强化免疫系统，提高机体的防御功能。

正性变力

强化心肌的收缩力。

专
属
香
草
手
账

　　将自然的馈赠融入生
活，从这里开始记录属于
你的香草手账。

药用鼠尾草

独特刺鼻的香气带有药味儿，喝了之后会感觉神清气爽。

鼠尾草酊剂
用于口腔护理

将鼠尾草、百里香和辣薄荷以 2：2：1 的比例混合制成酊剂，加水稀释后用作漱口水，有杀菌的功效，可以改善喉咙痛、口炎等问题，还有防止口臭的作用，很适合在不方便刷牙的时候使用。

薰衣草

一枝薰衣草就能使房间弥漫馥郁的香气，空气和心情都会瞬间清新。

干薰衣草的制作方法

新鲜的薰衣草洗干净后擦干水。薰衣草的茎干坚硬，可以成捆倒挂起来，但是重叠的部分可能会发霉，最好分成小把来捆扎。注意避免阳光直射，倒挂在通风良好的地方，可使用空调的送风模式来干燥。

玫瑰

选择颜色鲜艳的玫瑰花蕾和玫瑰花瓣。

玫瑰醋

玫瑰花瓣浸入苹果醋中，可得到色泽鲜艳的玫瑰醋。玫瑰花瓣在浸泡过程中会逐渐变得苦涩，浸泡 2 周后取出花瓣为宜，再加入蜂蜜调整甜度即可。玫瑰醋是一款健康的饮料。

柠檬香茅
（柠檬草）

有着柠檬和青草混合的香气，味道清爽，但稍显淡薄，可用于混合香草。

能防虫的
室内清新剂

用柠檬香茅酊剂制作室内喷雾剂。在喷雾器里加入 5mL 柠檬香茅酊剂，再加入 95mL 精制水，混合均匀即可。将其与辣薄荷酊剂及艾草酊剂混合，可以进一步提升驱虫效果。

杏

杏仁有着药的气味，确实是一味中药。

杏子酒

生杏子与砂糖一起，泡入白酒，浸泡一段时间后成杏子酒。有滋养强健、驱除体寒的功效，适合睡前饮用。

菊花

菊花去蒂撕成花瓣，干燥后可用于料理。成朵的菊花干燥后可用来冲泡菊花茶。干菊花用开水冲泡后花瓣会打开。

菊花醋、菊花酒

干菊花先用热水泡发，再浸入醋中。泡过醋的干菊花，颜色和香气都会加深加重，变得浓郁。

酒中浸入鲜菊花，待酒有花香味即得到菊花酒。菊花浸泡在酒中时间过长会变色，尽量在其颜色鲜艳时饮用完毕。

香菜
（芫荽）

　　鲜冻状态的香菜叶放入水里能够立刻恢复鲜活的状态，方便储存；种子被称为香菜籽，是制作咖喱粉不可缺少的香料。

香菜籽酒

　　香菜籽的壳较硬，轻轻压碎后再浸泡于酒中，朗姆酒比较适合做香菜籽酒。酿好的酒会散发出橙子般甘甜的香气。可以用来制作莫吉托鸡尾酒和甜点。

紫苏

穗紫苏是紫苏开花后果实还未成熟的状态,可作为调料使用;花后的果实以盐腌制或用酱油浸泡后可以食用。

手工紫苏茶

紫苏叶洗净,放在簸箕里置于阴凉通风处晾干,叶片变干脆后即可。注意:晾晒时叶片之间不要重叠;也不要过度干燥,否则叶片颜色会变淡。紫苏茶是一款特别适合在感冒初期、食欲不振及乏力时饮用的香草茶。

枸杞

　　枸杞是一种原产于中国的小型灌木，在日本各地的树丛中也时常可以看到。晚夏时节，枝上会开出淡紫色的小花，秋天则结出鲜艳的红色果实。枸杞具有药用功能，成熟的果实干燥后可入药。果实味甘，类似葡萄干的甜味中略带一丝苦涩，加入甜点或酒类中会更加可口。

枸杞酒

　　枸杞与砂糖一起浸泡在白酒中制成枸杞酒。枸杞酒味甜可口，具有安眠的效果。

枣

　　枣中含有的有效成分皂苷具有很强的抗氧化作用。中国有"日食三枣，长生不老"的说法。在中医里，枣除了用于滋养强健，还有缓和镇静的功效，红枣茶中加入生姜和蜂蜜，可有效改善体寒、缓解失眠症状。韩国的药膳参鸡汤中也会用到干红枣。此外，红枣还可以用来煮粥、煲汤、熬糖水等。枸杞中含有大量甜菜碱，具有滋养强健、消除疲劳和恢复体力的功效；根部也可以使用，在中医里用于降低血糖和血压值。

红枣茶

　　红枣、蜂蜜和砂糖加水慢慢熬煮，也可以加入生姜。

薏苡

薏苡是原产于中国的一年生草本，在 7~8 世纪作为药材传到日本。从江户时代到现在，薏苡一直作为去肉痣的民间药在使用。

薏苡仁的食用方法

薏苡仁颗粒较硬，使用前要进行预处理。

1. 用水清洗干净。

2. 足量水浸泡过夜，气温高的时候须放入冰箱。

3. 倒掉浸泡薏苡仁的水，重新加入新水，中火煮，水沸腾后转小火，直到薏苡仁变软。

4. 薏苡仁煮好后过筛，再用水清洗去掉苦涩味。

＊根据喜好搭配粥、甜点、沙拉等食用。

＊煮好后的薏苡仁分装成小份，冷冻保存更便利。

香橙

香橙皮茶中加入刚摘下的新鲜叶子，喝起来有股清爽的绿叶香气。

香橙果汁的保存

在收获的季节，大量的香橙可以榨成果汁来保存。

果汁中加入1成量的醋，放在冰箱里保存可以更好地保鲜。由于果汁的香气容易挥发，最好在1周内饮用完。若需冷冻保存，可将果汁倒入带有密封链的食品保鲜袋中，摊平冷冻，使用时折断取出需要的量就可以。冷冻的果汁可以保存1个月。

栀子

　　梅雨时节，栀子花甜美而优雅的花香飘浮在空中，不免让人心情愉悦。

重瓣花

　　重瓣花品种不结果，不做药用。

桂花
（木犀）

干燥后的桂花香气也很浓郁。推荐用于糖浆。

安眠的桂花酒

桂花和砂糖一起浸泡到白酒里，做成桂花酒，在休息之前少量饮用，最为合适。桂花甘甜的香气有助于放松、入睡。

欧活血丹

类似薄荷和艾草的香气，清新舒爽。

改善小儿疳积的药草

欧活血丹繁殖力旺盛，若任其肆意生长，可以长满整个墙角。古时候，人们就已有煎煮欧活血丹饮用的习惯，用来改善幼儿的疳积，增强体质。

春季，欧活血丹绽放出唇形科植物特有的魅力紫色小花，这时候的叶子和茎干也是最充实的，适合采收。干燥后的欧活血丹可入药，药材名为连钱草，可用来治疗肾脏病和糖尿病。

绿手指基础园艺系列

- 简明易懂的园艺种植知识
- 全方位搭配指南，带给你不一般的花园景致
- 种植操作全图解，帮你轻松上手、快速入门

图书在版编目（CIP）数据

香草生活手账 /（日）真木文绘著；药草花园译 . 一武汉：湖北科学技术出版社，2021.1

ISBN 978-7-5352-9335-0

Ⅰ . ①香… Ⅱ . ①真… ②药… Ⅲ . ①香料植物 - 介绍 Ⅳ . ① S573

中国版本图书馆 CIP 数据核字 (2020) 第139754号

香草生活手账
XIANGCAO SHENGHUO SHOUZHANG

责任编辑：魏　珩　张荔菲
美术编辑：胡　博

出版发行：湖北科学技术出版社
地　　址：湖北省武汉市雄楚大道268号（湖北出版文化城 B 座13—14楼）
邮　　编：430070
电　　话：027-87679468
网　　址：www.hbstp.com.cn
印　　刷：武汉精一佳印刷有限公司
邮　　编：430034
开　　本：787×1092　1/16　9印张
版　　次：2021年1月第1版
印　　次：2021年1月第1次印刷
字　　数：110千字
定　　价：68.00元

（本书如有印装质量问题，可找本社市场部更换）